10年 畅销

EMOTIONAL INTELLIGENCE IN ACTION

Training and Coaching Activities for Leaders, Managers, and Teams, 2nd Edition

情商培养与训练

65种活动提高你的情商

（经典版）

［美］玛希雅·休斯（Marcia Hughes）
［美］詹姆斯·布拉德福德·特勒尔（James Bradford Terrell） 著
赵雪 赵嘉星 译

電子工業出版社
Publishing House of Electronics Industry
北京·BEIJING

Marcia Hughes and James Bradford Terrell: Emotional Intelligence in Action: Training and Coaching Activities for Leaders, Managers, and Teams, 2nd Edition
ISBN: 9781118128046

版权贸易合同登记号　图字：01-2012-6194

图书在版编目（CIP）数据

情商培养与训练：65 种活动提高你的情商：经典版/（美）玛希雅・休斯（Marcia Hughes），（美）詹姆斯・布拉德福德・特勒尔著；赵雪，赵嘉星译. —北京：电子工业出版社，2021.8

书名原文：Emotional Intelligence in Action: Training and Coaching Activities for Leaders, Managers, and Teams, 2nd Edition

ISBN 978-7-121-41411-4

Ⅰ. ①情… Ⅱ. ①玛… ②詹… ③赵… ④赵… Ⅲ.①情商－通俗读物 Ⅳ. ①B842.6-49

中国版本图书馆 CIP 数据核字(2021)第 117152 号

责任编辑：吴亚芬
印　　刷：三河市华成印务有限公司
装　　订：三河市华成印务有限公司
出版发行：电子工业出版社
　　　　　北京市海淀区万寿路 173 信箱　邮编 100036
开　　本：720×1000　1/16　印张：20　字数：359 千字
版　　次：2021 年 8 月第 1 版
印　　次：2021 年 8 月第 1 次印刷
定　　价：98.00 元

凡所购买电子工业出版社图书有缺损问题，请向购买书店调换。若书店售缺，请与本社发行部联系，联系及邮购电话：（010）88254888，88258888。

质量投诉请发邮件至 zlts@phei.com.cn，盗版侵权举报请发邮件至 dbqq@phei.com.cn。

本书咨询联系方式：（010）88254199，sjb@phei.com.cn。

PREFACE

前言　充分挖掘本书的资源

目　　标

情商的研究和体验是个体和团队获得成功的一个重要核心因素。情商研究协会在提供的情商案例中，列举了培养或拓展情商的 19 个成功案例，并指出：

> “乐观是提高效能的一种情商能力。大都会人寿公司的案例表明，在开始工作的最初两年里，与悲观的销售员相比，‘学习乐观’测试中分数高的销售员完成的人寿保险业务量要高出 37%。”

情商的需求随着管理、教育等责任程度的提高而更为迫切，对工作团队等团体更为重要。认识到情商的重要性仅仅是一个重要的开端。那么，如何培养情商，让人们能够在工作、生活和团队里更有效地履行职责呢？本书是情商研究协会打造的培养和提高情商的最佳实践指南，它强调亲身体验式学习和提高情商的迫切性，通过关注从现实生活中获得的体验式学习情境来提高情商。

适用对象

本书适用于教练、培训师、导师、人力资源从业人员、管理者及希望帮助他人提高情商的人。对于每种情商能力都配有务实、效果显著的训练活动。

对个体辅导而言，本书主要适用于领导、经理、督导，以及需要通过提高人际交往能力方能获得事业成功的人。

对团队发展而言，本书主要适用于管理团队、任何层面的常设团队和跨部门团队。本书的训练活动还将成为专题研讨会的重要资源，为期望提高社交能力、改善人际关系、拓展职业发展机遇的人提供帮助。

测评工具

本书第 3 部分的训练活动可结合测评工具使用，也可单独使用。对使用测评工具的人，作者建议尽可能使用多种工具，因为任何一种测评工具都不能全面衡量一个人或一个团队。多个数据集能够验证测评结果，更好地理解反馈信息，洞悉多重因素之间的关系。卡里·切尼斯博士、教授著有情商领域的权威著作。作为情商研究协会创建者之一，他在“协同发展会 2004 年情商”研讨会的演讲中提及，很多组织更多地要求运用多种测评工具，并在结果中寻找更高的有效性。

下列测评工具可与本书介绍的四种情商测评方法任意组合使用：MBTI（Myers-Briggs Type Indicator，职业性格测评）、EG（Emergenetics，全脑思维和行为测评）、FIRO-B（Fundamental Interpersonal Relations Orientation-Behavior Scale，基本人际关系导向行为测评）、创造性领导核心基准、DISC（个人行为模式）、坎贝尔兴趣及技能量表。2002 年，皮尔曼在其著作中对综合运用多种测评工具做出了有趣的解释，着重讨论了 MBTI 和情商测评。

本书框架

全书分为 3 部分。第 1 部分解释了培养和发展情商的基本原理，重点介绍了四种情商测评方法。其中，第 1 章概述培养情商的原因，解释情商为何能够对个人效能产生巨大的影响。第 2 章介绍最重要的四种情商测评方法，并提供了这四种方法的对照参考表。如果你正在使用这四种测评方法（EQ-i 2.0 或 EQ360、TESI、MSCEIT、EISA）中的一种，就可以在对照参考表中寻找你的测评标准，以及适用的训练活动。这些活动能够帮助你培养运用测评方法时所必需的重要能力。

本书最大的优势是，即使没有实施任何测评方法，也可单独运用书中训练活动提高所需的能力。如果你想帮助团队或个体参与者提高灵活能力，只需翻到第 2 部分，查找关于这种能力的详尽描述，然后翻到第 3 部分，在“灵活”标题下找到四种选择：训练活动 13.1、训练活动 13.2、训练活动 13.3 和训练活动 13.4。选出最切合真实情境的一个即可。

第 2 部分详细地讲述了 16 种情商能力，帮助你和参与者熟悉每种能力。

第 3 部分介绍了体验式学习情境（本书称为训练活动）。每个训练活动的前三项分别为“目标”、“简要说明”和“成效”。“目标”说明参与者完成这套训练活动的目的；“简要说明”揭示参与者应如何运用指导性材料形成学习体验；“成效”解释训练活动可以达到的效果，即能够实现的预期结果。训练活动包含你可为参与者复印的文字材料。

教练和导师提示：多数训练活动适用于一对一辅导及常设团队和独立团队等不同辅导情境。“简要说明”和“使用说明”通常针对团队和团体培训而设计。若进行个体辅导，则只需将使用说明重新改编成一对一的情境，而训练活动的材料对你和参与者同样有效。

图　　标

为使读者对每章中的重点内容给予关注，作者设计了一套图标，以增强趣味性，帮助读者充分利用所提供的材料。

 该图标出现在每种情商能力的详细描述中，突出针对该能力的有效建议或洞察力，告诉你如何培养情商并有效运用这种重要能力，使其对你的生活产生非凡的影响。

该图标代表现实生活中拥有所述情商能力的典型人物，如马丁·路德·金、甘地、玛雅·安吉罗、梅丽尔·斯特里普。

电影中不乏关于多种情商能力的优秀事例，因此本书尽量利用颇受欢迎的影片来举例说明。你将在书中看到《国王的演讲》《拆弹部队》《杰克去划船》《珍爱》《野百合》《绿野仙踪》等影片的介绍。

该图标的目的在于让教练或培训师快速了解这套训练活动所需的时间，以及期待参与者形成的体验经历。

导师能力

本部分旨在向教练或培训师说明，成功实施训练活动所需的能力水平。通常，这还与参与者学习体验的复杂程度有重要联系。若参与者某方面的能力比较薄弱，那么首先使其体验较易的训练活动会产生更好的效果。

导师的能力水平界定为三个层次：

初级

中级

高级

导师指南

准　备

- 在阅读本书前言之前，先熟悉本书使用的图标。
- 阅读第 2 部分相关章节，更好地理解你将用到的相关情商能力的内容。
- 确保房间大小和桌椅摆放有利于你开展所选的训练活动。
- 准备好每个训练活动所需的“材料”。
- 在要求参与者反思阶段，可播放舒缓的背景音乐。

材　　料

- 每套训练方案的“材料”，包括所需的材料清单。
- 多数训练活动中包括可复印的文字材料。

汇报总结和思考反省

- 汇报总结是训练活动中最重要的环节之一。它让参与者得以思考和综合他们的体验，并分享学习收获，为性格内向的人提供了最佳的表现机会。
- 提问可帮助参与者发现自己的收获，产生顿悟。你的任务是带领他们体验自我发现的过程。让他们自己感受到从训练活动中大受裨益比你直接告诉他们会更有意义。

可选项

- 参照本书第 2 章介绍的对照参考表，界定你所期望开展的训练活动。
- 阅读对照参考表中你确定的训练活动，参照“目标”、“简要说明”、“成效”、“适用对象”、“预计时间”和“导师能力”等信息，帮助你界定适合现实情境的最佳训练活动。

CONTENTS

目　录

第 1 部分

认识情商

本书第 1 部分介绍培养情商的基本原理，特别强调了四种重要的情商测评方法。第 1 章概述培养情商的充足理由，解释情商对个人效能的巨大影响。第 2 章介绍四种最重要的情商测评方法并设计了一个对照参考表，便于你根据每种测评方法针对具体的情商能力开展训练活动。

如果你正在使用四种测评方法（EQ-i 2.0 或 EQ360、TESI、MSCEIT、EISA）中的一种，就可在对照参考表中找到相关的对应关系，以及可运用的训练活动。这些训练活动帮助你提高相关的能力。

本书最大的优势是，即使不实施任何测评方法，也可单独运用书中的训练活动提高所需的能力。例如，你想重点培养“同理心”，翻到训练活动 8.1、训练活动 8.2、训练活动 8.3 和训练活动 8.4，选择最适合你的训练活动即可。

CHAPTER 1

第 1 章　为什么要培养情商

你愿意在工作和生活中变得更高效吗？你愿意更好地了解现实感受，并知道产生这种感受的原因吗？你愿意更有意识地影响自己的感受和反应方式，而不是按照一成不变的方式做出反应吗？你愿意结交更多的朋友，或者和现在的朋友变得更亲密、更坦诚吗？你愿意更有利地监督并敦促自己朝着短期和长期目标发展吗？如果答案是肯定的，你就会挖掘情商这个情绪世界。

发掘并培养情商不仅能让人们更快乐，还有助于人们自我促进，缓解生活中的压力，解决人际矛盾。它赋予人们技巧，让人们学会鼓励、宽慰、训导，并正确地面对不同情境中的不同类型的人。它决定人们在家庭、工作场所和社团等文化情境中如何有效地表达情绪。它决定人们以何种程度倾听，并如何接受自己的声音。

情　　绪

为充分了解“情商”这一主题，首先谈谈什么是情绪。**情绪是人们运用想象力对所接触到的事物所产生的一种感受**。例如，黑暗中令人毛骨悚然的巨大响声使人所产生的恐惧，以及当知道自己在比赛中处于领先地位，其他人却望尘莫及时所享受的短暂荣耀。情绪能够感动人们，激励人们。“情绪”（Emotion）、“感动”（Move）、“激励”（Motivate）这三个词语都有拉丁语的词根 Emovare（感动）。情绪支持人们坚持不懈，努力奋斗，最终赋予人们成功。恐惧和欲望是两种最强烈的情绪，并一直被视为动物王国中最强大的激励因素。

美国国家精神健康学院（National Institute of Mental Health）的坎迪斯·柏特（Candace Pert）教授的研究表明，情绪与神经肽紧密相关。后者是一种蛋白质分子长链，遍及身体各个器官，就像“信使分子”一样，将身体某部分发出的信息传递给整个系统。在其著作《情绪的分子》（*Molecules of Emotion*）

中，柏特认为情绪是思维和身体之间具有变革能力的链接，是神秘的量子力界面，在此信息转变成物质，人体合成产生意识的化学物质。

认识到情绪反应是以生物化学为基础的，这一点很重要。情绪状态，如生气、难过、欣喜等容易被感染，也容易被引导，但不意味着情绪像电灯一样可以被随意操控。人体需要时间完成这些化学成分的代谢。例如，感到惊恐害怕时，人体会分泌肾上腺素。情绪产生的化学物质能够帮助人们改变观点，使人们通过不同的态度和视角看待世界。人们通过自我交谈，形成并保持看待自己和周围世界的积极观点。此时，人们拥有积极乐观的情绪状态。

想象情绪的一个好办法是，将所有生物无形地联系起来。情绪是人们运用肢体语言等古老的本能语言的构成，是感觉和解码的一个特殊信息领域。在这个信息领域顶端，人类能够附加一层复杂详尽的解析。通过认知和表达，人们能够描述自己的感受，并通过细微的本质差别，给予情绪广泛的象征意义。

智　力

早在20世纪初，心理学家便开始设计测评人类认知能力和智力的测试，最终形成了所谓的标准智商测试。关于人类智力的研究继续沿着这个思路进行，智商似乎被认为是遗传的，而且不因教育努力的程度而受到巨大影响。自20世纪70年代以来，“智商是通过智商测试来衡量的，而且受到基因的控制”这一想法得到普遍认同。不过，当韦克斯勒（Wechsler）开发了智商测评方法时，他指出除他提出的智力外，还存在着其他形式的智力。

其他科学家也纷纷赞同韦克斯勒的观点，不满足于只有一维的智力定义及其测评方法的现状。20世纪80年代，霍华德·加德纳（Howard Gardner）出版的专著证实了他提出的“多维智力”的观点，证明了拓展智力定义的重要性。此外，巴昂创造了“情商”这个术语，以便区分情感能力和智力。约翰·梅耶（John Mayer）和彼得·萨洛维（Peter Salovey）主持的研究也对形成包括四个维度的情商理论起到了巨大的推动作用。这四个维度为情绪感知、情绪运用、情绪理解和情绪管理。在此基础上，大卫·卡罗素（David Caruso）形成了能力型情绪智力量表即梅耶-萨洛维-卡罗素情感智力测评（Mayer-Salovey-Caruso Emotional Intelligence Tests，MSCEIT），这是一种可靠、有效、以能力为基础的情感智力测评，拥有5 000人的常规性数据库。

大卫·卡罗素等给出的情商定义强调“智力”，与下文列举的其他定义截然不同：

"'情绪'是指一个人处于一种关系中的感受。例如，一个人和他人关系和谐时，他会感到很快乐；若受到恐吓，他会感到很害怕。另外，'智力'是指能够运用理性判断评论某种事物的能力。例如，个体运用语言进行解释，表现其言语智力能力；推断事物组装方式，体现其空间智力能力。对于情绪智力，人们运用情绪思考，或者说情绪支持人类的思维。也就是说，MSCEIT评测的情绪智力是指运用情绪或情感信号思考的能力，以及提高思维的情绪能力。"

若想更多地了解关于情商理念中对智力的描述，请参见梅耶、萨洛维、卡罗素合著作品中，关于"处理和受益于情绪智力的理念"中的讨论。

对认为情绪过于主观而难以量化的人而言，以判断是非能力为基础的情商测评似乎很陌生。然而，事实上，的确存在着一种能够简单说明情绪发生的方法：

"情绪能力同样能够通过一种运用能力、绩效或知识测试的客观方法进行衡量。这种测评会提出一系列问题，例如：

- 为什么感到难过？
- 有什么有效的方法可以让一个火冒三丈的参与者平静下来？

MSCEIT测评要求人们解决情绪问题，评估答案的正确性。通过对比一个人的测评分数与庞大的常规性数据库，可以计算出一个人的情商即情感智力的分数。"

大　脑

情绪处理是一种无意识的行为，人们本能地做出情绪反应，比语言表达更直接、更迅速地参与到他人的行为当中。情商与即时性有关。大脑环路处理情绪反应，而无须进行理性思维。现在我有什么感受？现在你有什么感受？我们的感受如何相互影响？我们选择的行为如何相互影响？这些是大脑边缘系统或情感智力不断为我们进行的一种关键性对照，其中多数较低于意识知觉的临界线。

感觉输入大脑后，首先在丘脑进行加工处理。丘脑扫描信息寻找过去曾对我们产生重大意义的熟悉模式。然后这些模式被提交到左右脑之间的海马体，海马体进一步筛选危险内容。接着扁桃体做出最后决定，决定是否引起应激反应。如果检测结果证明尚未出现过引起恐惧的先例，信息进入新皮质。

新皮质通过理性过程，进行分析获取意义。

大脑的情绪循环协调着人体中两种关键的荷尔蒙：皮质醇和脱氢表雄酮。皮质醇对人体功能发挥着积极作用，但它通常被认成“压力荷尔蒙”，因为压力情境导致皮质醇分泌过多，对人们的身体产生恶劣的影响。脱氢表雄酮时而被视为“抗衰老荷尔蒙”，它与令人感到精疲力竭并衰退老化的皮质醇所产生的消极作用相抵消。

心　　脏

人脑并非是唯一控制情商的器官。美国心脏数理研究院（Institute of HeartMath）的一项研究揭露，在理解他人并做出反应的过程中，心脏发挥了关键性作用。心脏通过产生改善情绪的荷尔蒙，与人体其他器官进行化学物质的交换。更为显著的是，它向人脑（和其他细胞）发出的电磁信号是人体中最强大的信号。它形成电磁场，能够在人体四周几英尺（1 英尺约为 0.3 米）外被检测到。此外，心脏通过血管系统引导压力波，与人体其他器官进行机械运动的交流。在所有这些不同的交流渠道中，它为人体提供整套系统运行现状的反馈信息。

神经病学家安东尼奥・达马西奥的研究证实，如果对体现人类即时情境做出的情绪反应不能做出情绪处理，人类就不能做出任何认知决策。事实证明，情商是心脏和人脑作用的综合体现，它将思想和感受交织在一起，形成非常丰富的人类体验。

情绪和身份

情商在处理矛盾冲突中发挥着关键作用。费希尔（Fisher）、尤里（Ury）在其经典著作《谈判力》（*Getting to Yes*）中将解决冲突的过程描述为帮助个体从“否定”到“肯定”的实现过程。其中的难处在于，人们往往与所处的立场保持一致，因此为了改变立场，人们不得不改变自己的身份。换言之，如果人们认为凭借自己长期提供的优质服务，理应得到晋升、享受高档办公室，那么人们将不得不改变对“我们是谁”“这些奖励对我们的象征意义”的认识，从而接受另一种（同样也很优秀的）解决方法。出现这种身份的转变也可能是因为人们在经历了深深的失望后，发现灵活和现实判断等能力能够帮助自己实现转变。

情绪在自我认识的过程中发挥着关键作用。人们知道，“我们是谁”将“自我”和“他人”区分开。除控制急性应激反应外，大脑边缘系统还管理着我们的免疫系统。免疫系统的重要作用体现在，区分哪些是“我们”的一部分，哪些不是。界定我们身份的过程再次证明情绪与生物化学有着紧密联系。人体细胞拥有自我接受体。免疫细胞能够“阅读”自我接受体，从而判断它们是自身的一部分，还是来自对健康和系统完整性具有威胁的侵入者。

识别环境中熟悉的感知模式，体验身体或思维最初所产生并保存在记忆里的相同情绪反应，从而形成“我性”感觉。人类通常在两岁左右便储存了充足的记忆，熟悉感产生了深远的转变。数亿的数据位明确并形成了自我，让人们认识到是“我”在进行这种体验：“我”感到饥饿想吃东西；“我”感到安全，或恐惧，或好奇；“我”很强大，能够成功。

随着时间的流逝，喜好厌恶的复杂列表逐渐通过相同的联想记忆过程得到扩展。“我”发现，我知道自己喜欢什么，不喜欢什么，并根据自信程度，向自己赖以生存的人们充分地表达出来。如果我生活在一种合作式环境、家庭或文化中，需要他人对我的决定和各种行为给予支持，那么我对依赖感的渴望往往超过对独立性的诉求。如果生活在竞争的环境中，我只有不断地创造和坚持满足法律条文所允许的新行为策略，从而满足自己的欲望。此时，我往往更渴望提高独立性，而非依赖性。

重塑、更新甚至提高我的身份，解决问题和矛盾，不断促使自己和他人从“否定”实现“肯定”的能力，取决于我如何有意识或无意识地处理情绪。如果我无意识地陷入刺激反应作用的自动顺序，往往会墨守成规，容易认为自己是世界的牺牲者。反之，如果通过自我反思，延长刺激和反应的时间，让自己更有意识地认识决定行为的过程，从而变得更灵活机动，更有耐心，让自己有更稳健的行动表现和更明智的决策，形成更有创意的解决方法用以处理日常生活中的问题，这或许就是最真实的情商测评方法。

情绪力量

如果你已经开始探索提高自己或参与者情商水平的新方法，那么强烈建议你，通过本书的“训练活动”学习巴昂 EQ-i 2.0 所界定的 16 种能力之间的区别和联系。综合起来，它们能够提供强有力的视角，前所未有地剖析并洞察人类行为和动机。吉图·奥姆（Geetu Orme）的著作对此提供了众多例证，揭示了关于情商的传奇故事，进而提出了构建关系质量的三个战略性要素：协调、理解和行动。

人们的文化决定着人们从对客观事物的学习角度认识世界，评价生活质量，而人们的学习没能正确理解人际关系，并给其正确的评价。因此，人们需要获得一切可能得到的帮助，学习如何培养、提高和关注连贯性。幸运的是，培养情商的方法在这个关键时刻出现了，它开始重新编制后现代文明的磨损链。不论人们能否利用这种文明复原，世界仍将变得更加复杂。每天，人们的生活质量仍将受到那些从未谋面的人的情绪或所做决策的影响。

在某种程度上，每个人都生活在自己的“万维网”中心，为了尽量让网络中的所有链接都安全稳固、有利有益，人们必须熟练巧妙地形成和传达自己的情绪力量。情绪力量过大，别人会躲避你，或心防戒备，阻碍交流；情绪力量过小，别人会利用你，或者你们永远不能打破障碍构建亲密关系，或有足够的能量实现梦想。

CHAPTER 2

第2章　培养情商的四种方法

情商已被确立为成功领导力的关键。领导责任越大，情商越重要。在众多情商测评方法中，有四种方法凭借有效性、可靠性、市场接受度，最为突出。每种方法各有特点，但均能按照本书训练活动设计的思路，培养情商。这四种方法包括：

- 巴昂的 EQ-i 2.0 和 EQ360；
- 团队情商与社交商调查（TESI）；
- MSCEIT；
- 情商能力测评（EISA）。

本章将讨论上述四种情商方法，并提供四种方法的对照参考表，让你迅速确定与你现用方法相关的训练活动，并让你对四种方法之间的关系一目了然，帮助你提高对情商的认识。总之，本书的最终目的是激发你更强烈的情商意识，促成积极变化。本书训练活动提供每种情商能力的学习体验，以支持你运用测评方法从而帮助参与者提高情商水平。即使没有测评方法，它也是很有用的。

下面将对这四种方法进行简要概述。我们强烈建议你仔细阅读每种方法的相关材料，从而了解更多关于你所运用的某种方法的信息。

EQ-i 2.0 和 EQ360

巴昂 EQ-i 2.0 测评是历经 20 余年研发获得的一种对社会和情商进行全面彻底的自我报告式评估方法。EQ-i 最初由巴昂博士开发，之后，在多维健康系统（Multi-Health Systems，MHS）公司开发的一种全新综合的基准数据库的支持下，得到全面升级更新。更新后的自我报告式测评称为 EQ-i 2.0。EQ360 是一种 360 度全方位测评模式，同样得到这项全新基准数据研究的支持。EQ-i

和 EQ360 运用 1-5-15 的评分方法，设定一个总的情商分数（称为“总情商”）。这个分数按照五个维度进行衡量：自我认识、自我表达、人际、决策、压力管理。每个维度有三种具体能力，共计 15 种能力。此外，快乐指数是幸福指标的组成，在本书中被列为第 16 种能力。正是这 16 种能力为参与者提供动力十足的“燃料”。EQ-i 模型如图 1-1[1]所示。五个维度的 15 种子能力和快乐或幸福指标（也可称为“成分”或“因素”）具体包括以下内容。

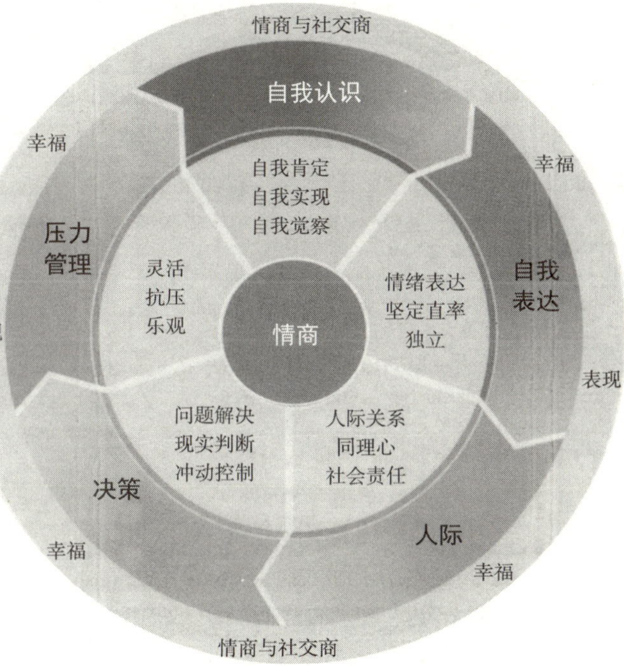

图 1-1　EQ-i 模型

自我认识维度

- 自我肯定。
- 自我实现。
- 自我觉察。

1 因为本书第 2 部分按训练活动设计，未设章节，所以图、表排序按部分排。

自我表达维度

- 情绪表达。
- 坚定直率。
- 独立。

人际维度

- 人际关系。
- 同理心。
- 社会责任。

决策维度

- 问题解决。
- 现实判断。
- 冲动控制。

压力管理维度

- 灵活。
- 抗压。
- 乐观。

快乐/幸福

每个人完成测评，均可收到一份测评报告，列出其在各个领域中的得分，通常可以听取有测评资格的测评人员的报告分析。高水平的 EQ-i 和 EQ360 报告分析者能够帮助参与者了解每个分数的对应含义，深刻分析分数之间的关联。例如，一个人在“现实判断”能力的得分很高，但“乐观”能力的分数很低。结果证明，此人或许希望知道如果他不总是有意无意地将过多精力放在做出重要评估上，他的人生观会发生什么变化？他会感到更乐观吗？同样，你能想象，一个人的“坚定直率”分数很高，但“冲动控制”的分数较低，情况又是如何呢？

自我认识维度又分为以下几个方面：自我肯定、自我实现和自我觉察。这些能力是有效培养、维持和坚持自身利益所必需的能力。

自我表达维度包括情绪表达、坚定直率和独立。这些能力助于充分表现个体本身，使他人更充分地认识自己，从而促进双方互动。

人际维度关注个体如何在社会中游刃有余，参与其中。它包括人际关系、同理心和社会责任。

决策维度包括问题解决、现实判断和冲动控制。这些能力利于人们将个体的情绪反应和情绪觉察与参与社会活动、做出决策的方式结合起来。

压力管理维度是指处理不甚完美的现实世界所产生的不安、失望和痛苦等情绪的能力。期望和现实这对矛盾形成了压力。压力管理维度包括三种能力：灵活、抗压和乐观。乐观向人们展现对未来持有的希望，灵活和抗压帮助人们使自己的行为利于最终期望的实现。

快乐/幸福被单独列出加以说明，显示人们现时的满意度与自我肯定、乐观、人际关系和自我实现等能力紧密相连，因为这些能力对个体的快乐体验具有特殊的影响。

本书对这些能力进行了简要概述。建议读者参阅《情商优势：情商与成功》（珍藏版）及相关资料，以获得更多、更详细的信息。EQ-i 2.0 和 EQ360 的优点在于简捷、直接的表述弥补了其测评设计上的古板。受测者得到的报告中列出了提高能力的发展策略。六个月后，受测者将再次接受测评，评估其在具体领域和情商整体发展方面取得的进步。

团队情商与社交商调查（TESI）

2006 年，玛希雅 · 休斯和詹姆斯 · 布拉德福德 · 特勒尔开发了团队情商与社交商调查（TESI）测评法。该方法界定并比较了高效团队管理的七种关键能力：团队归属、动机、情绪意识、沟通、抗压力、冲突解决力和积极心态。此外，该方法还明确提出了团队构建某些能力所创造的四个积极效果。这些能力包括同理心、信任、忠诚和理智决策。这些能力能够使团队获得长效成功：团队有可持续性的高效能、舒畅的情绪及和谐的社交关系。TESI 模型如图 1-2 所示。

影响团队成功的七种能力相互影响，某方面的能力渗透会影响其他方面的能力。此外，如果团队提高了某些或全部上述核心能力，它将营造团结协作的良好局面。团队的成功不只是对每种技能进行简单综合，还实现了休斯和特勒尔所称的“共同智慧”（Collaborative Intelligence）。

目前，该调查有两种测评模式。简单版 TESI 是其中 21 个测评项目模式的简称。简单版 TESI 利于团队快速了解团队运行情况。它只是一个自我评分体系，具有高度灵活性，无须在团队参与或研讨会前实施。详尽版 TESI 具有统计和其他测评工具，可从“共同成长”（Collaborative Growth）网站上下载。它要求每位团队成员从个人角度，衡量团队实现成功的七种能力。它需要创建个人报告、团队报告，还可以测评许多可选型统计报告。基于团队所有成员对团队运行情况的评价，详尽版 TESI 便于创建团队 360 度全方位测评。从这份报告上，参与者可以更深入地了解团队运行，从而逐步增强优势，改进劣势。本书第 2 部分将对每种能力进行详尽介绍。此外，休斯和特勒尔 2009 年撰写的《团队情商和社交商提高指南》（*TESI Facilitator's Guide*）是详细了解此测评法的有价值的资源。

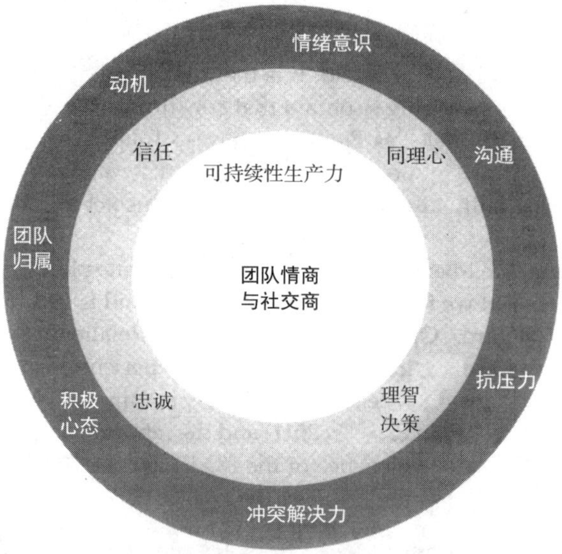

图 1-2　TESI 模型

MSCEIT

梅耶–萨洛维–卡罗素情感智力测评（Mayer-Salovey-Caruso Emotional Intelligence Test，MSCEIT）的独特之处体现在能够评估个体的实际智力，而非与工作成就相关的行为能力和社交能力。他们将情商定义为“感知情绪、使用并产生情感的能力，以支持思维，理解情绪和情感知识，调节情绪，从而促进情感和智力的成长”。该测评是一种能力测评，提供客观的“是非”判断题。这一点与依靠自我评定的更主观的能力测评法截然不同。

MSCEIT 测评的能力包括描述情感的能力、理解词语与感情关系的能力、辨别真实情感与虚假情感的能力、增强积极情绪和减弱消极情绪的情感管理能力。尽管 MSCEIT 不追求测评能力与某种情感技巧一一对应，但个体能轻松地找出上文所列的因素与自我觉察、同理心、乐观和冲动控制等能力之间的密切联系。

作者将这些能力分成 1-2-4-8 层次结构，受测个体可在测评报告中得到 15 个不同的分数，如图 1-3 所示。第一个分数是情商总分数，包括体验式情商和策略性情商。前者指人类情感反应的基本能力，包括感受、加工、识别和区分情绪。后者指较高水平、更有意识地进行情感处理，思考、理解这些情感如何产生，如何随时间发展而变化，以及人类如何管理这些情感从而增强社交关系。

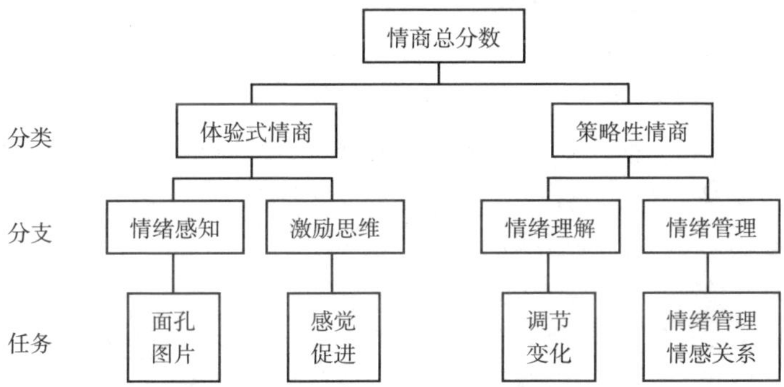

图 1-3　能力层次结构

体验式情商和策略性情商各有两个分支。体验式情商包括情绪感知和激励思维。情绪感知衡量个体认知自己和他人感受的能力，需准确检测、解码、反馈自身状态的情绪信号和非言语交流（其中多属无意识的反应）。激励思维是指为提高推理、决策制定和问题解决水平而融入个体经历中的情感体验，包括能够从情感上刺激认知过程、创造性地利用个体随着情绪变化而体验的多种不同观点。

策略性情商分为情绪理解和情绪管理。情绪理解评估正确地表达情绪、以恰当有效的方式进行推理的能力，具体包括识别情绪随着时间变化如何结合及改变，以及象征性地描绘这种过程的复杂程度的能力。情绪管理是指当情绪能够加强人们的体验时，能够对情绪信息保持开放的态度；当情绪引发个体做出冲动反应时，能够限制和控制这种冲动。情绪管理是指恰当地协调情绪在智慧见解和行为之间的重要性，并通过有效的情绪表达方式应对生活的综合能力。

四个分支能力的分数分别由两个任务分数组成。任务分数衡量八种具体的情商能力，如准确识别面部和突变的情绪，了解基本情绪如何交织产生更复杂的情感，理解情绪变化的过程。就发展性建议而言，个体不能完全依靠这些分数而采取行动，因为在这八个任务分数中，有的分支分数的可靠性低于构成其总分数的其他分支分数的可靠性。

情商能力测评（EISA）

史蒂文·斯坦（Steven Stein）、德里克·曼恩（Derek Mann）和皮特·帕帕多吉尼斯（Peter Papadogiannis）开发了识别并衡量成人情商的五个核心能力的情商能力测评（Emotional Intelligence Skills Assessment, EISA）。这五种核心能力为感知、管理、决策制定、实现目标和影响，如图 1-4 所示。虽然上述五种核心能力都至关重要，前两种，即感知和管理堪称情商的基础能力，因为个体若不能准确感知和管理自己的情绪，很难运用有效的决策制定、实现目标和影响能力，对现实情况做出适当反应。

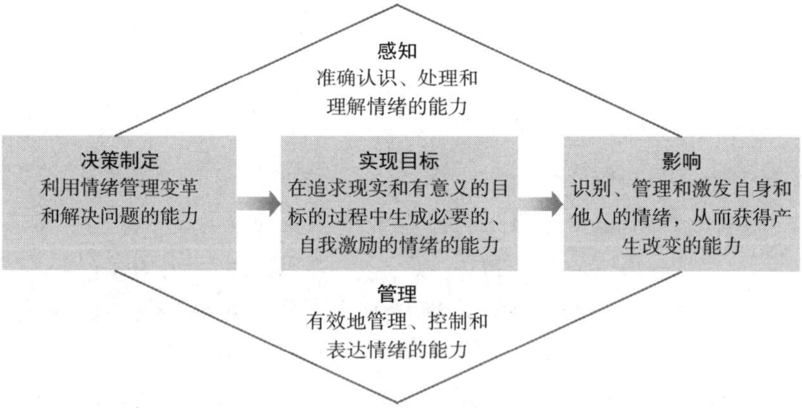

图 1-4　EISA 模型

EISA 测评要求个体对 50 个情绪和行为陈述做出应答；受测者可获得一份测试题目和 360 版本的测试题目。个体得到五种核心能力的详尽信息，并明了自身情绪优势和有待改进之处，并被鼓励创建计划方案，有助于进一步提高情商和社交商从而获得更大成功。

本书第 2 部分详尽介绍了感知、管理、决策制定、实现目标和影响五种核心能力。此外，要想进一步了解该测评方法，读者可阅读斯坦、曼恩和帕帕多吉尼斯 2010 年所著的《情商能力测评提高指南》（*EISA Facilitator's Guide*）。

对照参考表

表 1-1 旨将本书第 3 部分介绍的训练活动与对应的四种测评方法进行简单的对比参照。

表 1-1 对照参考表

			EQ-i 2.0 和 EQ360	TESI 和简单版 TESI	MSCEIT	EISA
			MHS	休斯、特勒尔	梅耶、萨洛维、卡罗素	斯坦、曼恩、帕帕多吉尼斯
训练活动	页码	题目	能力	能力	能力	能力
1.1	84	善待自己	自我肯定	情绪意识	情绪理解	感知、管理
1.2	87	认识自我	自我肯定	情绪意识	情绪理解	感知
1.3	90	主动和解	自我肯定	冲突解决力	情绪管理	影响
1.4	94	欣赏自我	自我肯定	积极心态	情绪管理	决策制定
2.1	97	充分利用你的时间	自我实现	动机	情绪理解、激励思维、情绪管理	实现目标
2.2	100	挖掘潜能的游戏	自我实现	团队归属、动机	激励思维	实现目标
2.3	105	提高自我实现能力	自我实现	动机	情绪理解	管理
2.4	108	运用灵感	自我实现	抗压力、积极心态	情绪感知、情绪管理	影响、实现目标

续表

			EQ-i 2.0 和 EQ360	TESI 和简单版 TESI	MSCEIT	EISA
			MHS	休斯、特勒尔	梅耶、萨洛维、卡罗素	斯坦、曼恩、帕帕多吉尼斯
训练活动	页码	题目	能力	能力	能力	能力
3.1	111	拓展对特别事物的认知	自我觉察	情绪意识	情绪感知、情绪理解	决策制定
3.2	115	认识情绪波动	自我觉察	情绪意识	情绪感知、情绪管理	实现目标
3.3	119	认识不良情绪	自我觉察	情绪意识	情绪感知、情绪理解	感知
3.4	123	情绪的基本反应	自我觉察	沟通、情绪意识	情绪感知、情绪理解	管理、决策制定
4.1	127	表达反对意见	情绪表达	沟通	情绪感知、情绪管理	实现目标
4.2	130	非言语形式表达	情绪表达	沟通	情绪感知、情绪管理	感知
4.3	133	讲故事	情绪表达	沟通、团队归属	激励思维	感知、管理
4.4	135	通过社交媒体表达情绪	情绪表达	沟通、团队归属	情绪理解	管理
5.1	138	培养适当的团队坚定直率能力	坚定直率	沟通、冲突解决力	情绪理解、情绪管理	影响
5.2	143	提高坚定直率能力	坚定直率	沟通、冲突解决力	情绪理解、情绪管理	影响
5.3	148	改变争强好胜的性格	坚定直率	沟通、冲突解决力	情绪管理	影响

续表

			EQ-i 2.0 和 EQ360	TESI 和简单版 TESI	MSCEIT	EISA
			MHS	休斯、特勒尔	梅耶、萨洛维、卡罗素	斯坦、曼恩、帕帕多吉尼斯
训练活动	页码	题目	能力	能力	能力	能力
5.4	151	让别人理解你	坚定直率	沟通、冲突解决力	激励思维、情绪管理	影响
6.1	154	模拟决策制定	独立	沟通	情绪管理	决策制定
6.2	157	摆脱控制	独立	情绪意识、沟通	激励思维、情绪管理	决策制定
6.3	160	加强个人努力	独立	动机	激励思维、情绪管理	决策制定
6.4	163	提高独立能力	独立	积极心态	情绪理解、激励思维	决策制定
7.1	166	重视友情	人际关系	积极心态	情绪理解、情绪管理	感知
7.2	169	肯定他人	人际关系	动机、积极心态	激励思维	感知
7.3	173	建立友情	人际关系	积极心态	情绪感知、情绪管理	感知
7.4	176	彼此尊重	人际关系	积极心态	激励思维、情绪理解	感知
8.1	179	提高影响力	同理心	情绪意识、沟通	情绪感知、情绪管理	感知
8.2	182	学会聆听	同理心	情绪意识、沟通	激励思维	感知

续表

			EQ-i 2.0 和 EQ360	TESI 和简单版 TESI	MSCEIT	EISA
			MHS	休斯、特勒尔	梅耶、萨洛维、卡罗素	斯坦、曼恩、帕帕多吉尼斯
训练活动	页码	题目	能力	能力	能力	能力
8.3	184	从他人角度考虑问题	同理心	情绪意识、沟通	情绪感知、情绪理解、激励思维	感知
8.4	189	构建有意义的关系	同理心	情绪意识、沟通	激励思维、情绪理解、情绪管理、情绪感知	感知
9.1	192	关注比自己更重要的事物	社会责任	团队归属、积极心态	情绪理解、激励思维	管理
9.2	195	真诚评价他人	社会责任	团队归属	激励思维、情绪理解、情绪管理	决策制定
9.3	199	个人利益与社会责任的平衡	社会责任	团队归属、情绪意识	激励思维、情绪理解	影响
9.4	202	参与志愿活动	社会责任	动机、情绪意识	激励思维、情绪理解、情绪感知、情绪管理	感知
10.1	204	当问题升级为矛盾时	问题解决	沟通、冲突解决力	激励思维	决策制定

续表

			EQ-i 2.0 和 EQ360	TESI 和简单版 TESI	MSCEIT	EISA
			MHS	休斯、特勒尔	梅耶、萨洛维、卡罗素	斯坦、曼恩、帕帕多吉尼斯
训练活动	页码	题目	能力	能力	能力	能力
10.2	209	情绪影响决策制定	问题解决	情绪意识、沟通	情绪感知	决策制定
10.3	212	运用“团队大师解决模式”	问题解决	沟通、冲突解决力	激励思维	决策制定
10.4	218	双赢谈判	问题解决	冲突解决力、团队归属	情绪理解、情绪管理	影响
10.5	221	“全脑思维和行为测评问题解决”模式	问题解决	沟通、团队归属	情绪管理、激励思维	影响
11.1	225	政治理解力	现实判断	积极心态意识	激励思维、情绪理解	感知
11.2	228	准确判断现实	现实判断	情绪意识、沟通	激励思维、情绪感知	感知
11.3	231	从他人角度了解现实	现实判断	情绪意识、沟通	情绪理解	感知
11.4	234	运用“三脑”	现实判断	抗压力、情绪意识	激励思维、情绪感知	决策制定
12.1	237	缓和冲动的方法	冲动控制	抗压力	情绪理解、激励思维、情绪管理	管理
12.2	240	冲动产生的影响	冲动控制	抗压力	激励思维、情绪理解	决策制定

续表

			EQ-i 2.0 和 EQ360	TESI 和简单版 TESI	MSCEIT	EISA
			MHS	休斯、特勒尔	梅耶、萨洛维、卡罗素	斯坦、曼恩、帕帕多吉尼斯
训练活动	页码	题目	能力	能力	能力	能力
12.3	248	冲动的动机和后果	冲动控制	动机、抗压力	情绪感知、情绪管理、情绪理解	决策制定
12.4	252	难以控制的冲动行为	冲动控制	情绪意识、抗压力	情绪感知、情绪管理	感知
13.1	255	打造高度灵活的团队	灵活	团队归属、沟通	情绪感知、情绪管理	管理
13.2	258	灵活产生的影响	灵活	抗压力、沟通	激励思维、情绪管理	管理
13.3	261	灵活在生活中的应用	灵活	抗压力、沟通	激励思维、情绪管理、情绪理解	实现目标
13.4	264	专注一种方法提高灵活性	灵活	积极心态、抗压力	情绪管理、情绪理解	管理
14.1	267	压力破解方法	抗压	抗压力	情绪感知、情绪管理	管理
14.2	271	压力分析与测试	抗压	抗压力、情绪意识	情绪感知、情绪管理	决策制定
14.3	275	预知问题	抗压	抗压力、动机	情绪感知、情绪管理	决策制定
14.4	277	压力缓解方法	抗压	抗压力、积极心态	情绪感知、情绪管理	感知

续表

			EQ-i 2.0 和 EQ360	TESI 和简单版 TESI	MSCEIT	EISA
			MHS	休斯、特勒尔	梅耶、萨洛维、卡罗素	斯坦、曼恩、帕帕多吉尼斯
训练活动	页码	题目	能力	能力	能力	能力
15.1	280	乐观的自我对话和行为	乐观	积极心态	情绪感知、情绪管理	影响
15.2	285	关注解决方案	乐观	动机、积极心态	激励思维、情绪理解	影响
15.3	288	看到积极的结局	乐观	沟通、积极心态	激励思维、情绪管理	影响
15.4	291	积极的解释	乐观	冲突解决力、积极心态	激励思维、情绪理解	实现目标
16.1	295	跨越孤岛	快乐	积极心态	情绪感知、情绪管理	感知
16.2	298	培养快乐感	快乐	情绪意识、积极心态	情绪感知、情绪管理	决策制定
16.3	301	保持快乐感	快乐	团队归属、积极心态	激励思维、情绪理解	管理
16.4	304	拓展快乐感	快乐	动机、积极心态	激励思维、情绪理解	管理

第 2 部分

探究情商的16种能力

根据 EQ-i 2.0 测评（其他测评也与此相似，读者可以参阅第 2 章的“对照参考表”了解其他测评的能力分类），本部分将逐一阐述组成社交商和情商的 16 种能力。

首先，定义每种能力，即“这是什么”。然后，指出因该能力的强弱，对个体带来的影响，即“为什么必须关注这种能力”。接下来，提供培养和充分利用这种能力的建设性意见，并对提高该能力的必需条件做出具体说明，即“如何构建这种能力”。最后，本书讨论如何将这种能力变成优势，从而改变人生经历，提高满意度和有效性。

明星和电影

学习的最佳途径之一就是寻找实践这种能力的榜样。因此，对于每种能力，本书设有“现实名人”和展现该能力的“电影人物”（见表 2-1）等两部分。轻松快乐地思考你所树立的明星榜样和电影人物榜样吧！

表 2-1　明星和电影

情商能力	明　　星	电　　影
自我肯定	多丽丝・莱辛	《麦田守望的女孩》
自我实现	维克多・弗兰克	《生活多美好》

续表

情商能力	明　　星	电　　影
自我觉察	玛雅·安吉罗	《福斯特对话尼克松》
情绪表达	T. S.艾略特	《杰克去划船》
坚定直率	马丁·路德·金	《十二怒汉》
独立	甘地	《黑客帝国》《诺玛蕾》
人际关系		《爱是妥协》
同理心	特蕾莎修女	《母女情深》
社会责任	吉米·卡特	《冲锋陷阵》
问题解决	威廉·尤里	《国王的演讲》
现实判断	希拉里·克林顿	《拆弹部队》
冲动控制	乔治娅·奥·吉弗	《杀死一只反舌鸟》
灵活	梅丽尔·斯特里普	《野百合》
抗压	汤姆·汉克斯	《珍爱》
乐观	纳尔逊·曼德拉	《绿野仙踪》
快乐/幸福	朱莉·安德鲁斯	《纽约客的故事》

SKILL 1

能力 1　自我肯定

这是什么

简单地说，自我肯定表示人们的自我感觉有多好，反映完全接受自我的能力。《韦氏词典》（1993）对其做出这样的定义："考虑自己或自己的利益。"相反，它将"自尊"定义为："对自我的信任、满足和自重。"

人们喜欢自己，能够完全尊重自己，接受自己的好与坏，便体现出自我肯定。巴昂提出，"根据完美的认同感，依靠自尊和自重，肯定自己。自我肯定的人感到富有成就感和满足感。与之截然不同的是感到无能、自卑"。

为什么必须关注这种能力

显然，这等同于"为什么我必须关注我自己"这个问题。自我肯定是一种关键能力，因为若没有完美的认同感，让人懂得尊重自己，那么将根本无法真正地融入生活，无法做到对爱情或工作完全忠诚。缺少自我肯定通常表现出不确定感和不安全感，不愿意运用正确恰当的现实判断探索自己的世界。

巴昂在研究中发现，自我肯定是"能力行为的一个最重要的指示器"。

如何构建这种能力

> 站在镜子前，双眼盯着自己，大声、威严地喊三次自己的名字，然后保持沉默，感觉自己慢慢地呈现！然后大声鼓掌，弯腰鞠躬。

你是否对生活中取得的成就感到实至名归或愧不敢当，这种感觉是经历、价值、态度、行为和期望等多种因素综合作用下的产物。依靠诚实程度和自我觉察水平，或多或少地能够准确认识这种感觉。

自我觉察反映你对自己感受的了解程度，那么自我肯定则表现你对构成自己的所有特征的了解程度和喜爱程度。很大程度上，这是由通过外表行为，协调一致地表达价值观和期望的程度决定的。因为你朝着某个目标努力，而远离其他目标，其动机大多是无意识的，构建健康的自我肯定必须包括不断的自我探索，这样才能不断地发现更多的自我，充分表达完整的自我。

自我肯定与问题解决和坚定直率的联系也能说明 16 种能力之间深刻的内在关联。如果一个人无法成功地解决生活中的问题，或者不能坚持并实现自己的目标，就不可能拥有最高程度的自我肯定。同样，随着自我肯定能力的提高，问题解决能力和坚定直率程度同样会得到提高。

改变后的成效

由于自我肯定是能力行为最强有力的标志之一，所以其能力的提高能够形成更丰富、更灵活、更自信、更安全的身份认同。随着个体继续构建更积极的自我肯定，其享受生活、服务他人的能力将得到发展。

明星人物

多丽丝·莱辛是一位自学成才的作家。她出生在伊朗，父母是英国人。她从小生活在原殖民地罗德西亚，也就是现在的津巴布韦，现居住在伦敦。她是一位杰出的作家，曾荣获多项奖项，并于 2007 年获得诺贝尔文学奖。她被评为一位非裔作家、女性作家。现代主义作家欧文·豪称其为：“人际关系的考古学家。”2007 年，在斯德哥尔摩举行的诺贝尔奖颁奖大会上，组委会的颁奖词说道：“她看待人类各种行为方式时能并处偏见，奋起痛陈社会不平现象，深刻入里地剖析第三世界的贫困和腐败问题，成为本世纪女性角色的化身。”

她被高度评价为第二次世界大战后最重要的英语作家之一。她的小说、短篇小说和散文关注广泛的社会问题：早期小说描写了非洲种族政策，代表作《金色笔记》等作品刻画性别歧视问题，20 世纪 70 年代后期和 80 年代早期作品探索家庭和个体在社会中的角色问题。

莱辛帮助人们审视自己与他人的人际关系。她通过敏锐的视角观察世界，并将之转换为文字作品。作为一位女性作家，如此坦率直白通常不被社会所接受。然而，她巨大的勇气和决心让她敢于刻画看到的真相。她强大的自我肯定让她能够分享自己，令人感动。

电影人物

在《麦田守望的女孩》中，珍妮佛·安妮斯顿（Jennifer Aniston）是自我肯定能力发展的典型范例。作为年轻的高中毕业生，她结婚成家，并在一家连锁折扣店工作。她的生活平淡无奇，枯燥乏味。在与保守的小城镇“截然不同”的一位年轻男子的接触中，她进行着自我探索。经历了一系列的困难，包括她的怀孕和这个年轻男子的自杀，她开始深刻思考自己，变得更加富有生气，更加完整，更加懂得自己、接受自己。

SKILL 2

能力 2 自我实现

这是什么

巴昂给出了这样的定义："自我实现是追求发挥潜在能力、才能和天资的过程。它要求个体具有确定和实现目标的能力和动力。它的特征是参与并有全身心致力于各种兴趣和追求的感受。自我实现是倾注一生，以得到充实的人生。"

心理学家亚伯拉罕·马斯洛也许是最早界定自我实现的人。还记得他提出的需求层次理论吗？20 世纪中期，马斯洛在其作品中确定了核心需求等级，每一层次得到适度满足后，才能充分实施下一层次的需求。需求层次依照心理需求（食物、住所、水）—安全需求（社会安全、制度、法律）—归属感和爱情需求（给予和接受感情）—尊严需求（自我肯定和他人的尊敬）的需求顺序，最终达到自我实现。

马斯洛强调，个体必须充分发挥潜能，否则不会有满足感。自我实现是忠于自己的本性、全力拓展能力的过程。它包括成长、动机和满足"人存在的"需求等理念。后来，马斯洛重新将自我实现界定为巅峰体验，正是基于这个定义，一些人将自我实现与神秘体验联系起来，而且确有幸运者在实践自我实现中获得神秘体验。在日常生活中，人们还会找到其他普通的表现范例。

与马斯洛理论相同，巴昂写道，自我实现"很可能是个人发展的复杂过程中的一个终极阶段。尽管情商与效率相关，但自我实现关系到能否做到完美和最佳。换句话说，一旦实现自我实现，就已经跨越了情商，到达人的效率的更高层次"。

巴昂在 2001 年撰写的一篇文章中写道："自我实现的最佳指标便是以下八种情商能力，按照其重要性排列如下。

- 快乐；
- 乐观；
- 自爱；
- 独立；
- 问题解决；
- 社会责任；
- 坚定直率；
- 自我觉察。”

自我实现反映在实现对个人生活具有重要意义的目标时，人们体会到的成功感。人生中具有挑战性甚至危险性的经历表现人类惊人的适应力。维克多·弗兰克在其著作《活出意义来》中，讲述了多个鼓舞人心的故事，体现人类在恶劣环境中超强的自我实现能力。

本书关注自我激励的各方面。结合快乐和乐观的积极作用，以及其他六种能力，人们能够生活在充满激情、全身心投入的现实中。自我实现是一个过程，而不是终极目标。它是人们“正在做的”和“人们的现状”相结合的状态。

因此，关键性问题是：

- 在此过程中我做得怎么样？
- 在此过程中我表现得怎么样？
- 我对现在的状况满意吗？
- 在这次历程中，我是按照自己的进度前进的吗？
- 我是受到鼓舞而成为最出色的人的吗？

为什么必须关注这种能力

人们内心都有一种强烈的声音，渴望尽自己所能成为最棒的人。对一些人而言，这是一种强烈而迫切的呼声；而在另一些人看来，这也许只是窃窃私语。快乐感、乐观的态度，以及其他六种能力的现有程度，影响着人们渴望提高该能力的迫切程度及成功实现的可能性。如果人们经常遇事悲观，这会抑制人们对机遇的感知，从而错过时机。或许，如果悲观者能对自己说：“好吧，如果可能的话，我愿意……”这也是将来某时某刻实现梦想的重要途径。

自我实现对成功经营的影响举足轻重。每年都有数百万美元资金用于团队合作，帮助员工增强动力，尽自己所能成为最棒的人。从实际角度看，自我实现是公司成功的核心。斯坦和布克为撰写《情商优势：情商与成功》（珍藏版），运用 EQ-i 对来自不同行业的近 5 000 名在职人员进行了研究。结果发现，促进全面成功的前五种要素中，第一个就是自我实现。因此，自我实现是公司重视员工发展的最重要因素之一。

如何构建这种能力

自我实现是一个渐进的过程，是积极地达到最佳状态的过程。切勿因为至今仍旧一无所成而感到绝望。仔细观察，耐心等待，成功会逐渐显露出来！

关注你的意愿和一些重要信息。你是否渴望成为艺术家，但现在是银行家？这种情商能力以其他八种能力为基础，因此它并非单方面提高便能实现完美状态的能力。它是构建自我实现中不可或缺的一部分。运用本书第 3 部分的训练活动，根据这八种能力，可以确定你或参与者的身份认同。关键是关注哪些能力对个体的帮助最大，哪些能力可以帮助个体提高自我实现能力。

制订计划，按部就班地实施，指导参与者也是如此。这并非一场竞技比赛，而是一个渐进的过程。如果你平时坚持有意识地脚踏实地地执行，把愿景看作可能实现的目标，就会听到内心的智慧，享受更快的成长速度，远比你因为总是琢磨“本该做得更多”而经常感到不悦要好得多。毕竟，“本该做”已成过去。这是一切皆有可能的时刻。

改变后的成效

自我实现能够促进个体快速成长。随着个体潜能的不断提高，自我实现能力无可限量。

如果知道自己走在正确的道路上，就会感到更舒适、更富活力、更乐此不疲。对大多数公司而言，激励员工是非常重要的。培养自我实现能力则是激励员工的核心，它能够帮助个体明确哪些激励性策略对自己最有效。

明星人物

医学博士、哲学博士维克多·弗兰克，著有《活出意义来》(*Man's Search for Meaning*)。他是一位充满灵感的精神病学家、维也纳大学医学系神经学和精神病学教授。他曾被囚禁在波兰奥许维次达豪集中营和其他集中营，长达三年之久。在此期间，他开始研究什么因素引导人们成为"人"。他注意到，令人毛骨悚然的环境影响着集中营的所有囚犯，但有些人能幸存下来。他认为此种现象与每个人的态度密切相关。别人不能控制个体的态度，态度是一个巨大的个人资源。这些理念为全世界所传颂，用以激励各行各业的人。

电影人物

电影《生活多美好》中，乔治·贝雷（吉姆·斯图亚特饰）纠结于自己在贝德福德瀑布镇的艰辛生活是否有任何价值。为了不让这座小镇被一位富足的吝啬鬼普特先生占领，他放弃了旅行和个人的其他欲望。但是，当他的舅舅在圣诞节前夕丢了 8 000 美元时，贝雷琢磨着他会失去公司、锒铛入狱，此时他的人生看似一无所成。正在踌躇于自杀是否是个明智的选择时，祈祷者和一位天使帮助他意识到他对众人有多么重要。乔治能够领略到人生的价值和许多贡献。

SKILL 3

能力3　自我觉察

这是什么

了解自己感受到了什么，为什么会有这种感受，这也许是有效情绪的重要组成之一。最终，它与人们如何运用同理心、理解他人的感受，以及产生原因的能力紧密相连。情绪察觉和同理心等能力激发并影响自我和他人的想法和行动，简言之，它是实现人生成功的必要能力。

思考片刻：情绪与感觉紧密相连；事实上，新生儿和婴儿探求物质世界的时候，情感世界随即打开。直到身体强壮，能够在床上翻身打滚，人们深受周围环境的影响。如果某些事物刺痛或制约了人们，尽管人们不能界定它，改变它，但身体会做出条件反射，收缩肌肉，表达厌恶憎恶：最初会感到不适，不适感贯穿肢体或躯干，感觉逐渐强烈，最终遍及全身。如果这样仍无法让人们释然，仍感到极度不舒服，只能号啕大哭，释放自己。

相反，如果某些事物让人们高兴如暖烘烘的杯子，或者某人用手臂摇着人们，人们的肌肉会全部放松，舒服地享受这个过程。但更有趣的也许是，享受本身需要付出一种“努力”，即“觉察”。下意识地注意人们正在体验的感觉宛如按下人们生活录音机的“录音键”，让关于这种感觉的记忆成为一种意识。如果婴儿警觉灵敏，注意感觉体验，出于反射性或下意识，喂养感觉会被无意识地录制下来。

为什么必须关注这种能力

充盈着喜悦和不快感觉的境况促使人们识别和表达情感的喜好。人们所有的感觉生活被意识记录下来，回忆这些情绪的表达方式，不论是有意识的还是无意识的，这都与人们的情绪觉察水平紧密相关。

感觉觉察和情绪觉察的下一个发展阶段是符号觉察，人们开始用语言表达自己的体验。在生活中，这是无比兴奋、无比满足的时刻。此时，人们已经发展了肌肉的协调能力，能够让自己或多或少地根据喜好探索世界，告诉别人自己具体想要什么，更需要什么。

当人们开始考虑孩子的未来即考虑在当今技术驱动的后现代社会中他们需要实现什么目标以获得成功时，人们就通过言语将世界具体化了，只是过分地强化了自我。作为父母，人们忙于各种事务，关注力被分散到几十个方向；人们身心疲惫，尽量实现自己的成功标准。如果人们不知道如何花时间有意识地塑造情感世界与符号世界相融合的模式，自己的孩子最后无法运用情感意向性，即情商做出回应，而只能依赖于他们的条件性情感偏好。

如何构建这种能力

培养成人和孩子有意识地表达自我觉察的能力，必须将经验的点点滴滴连接起来：现在的感受，为什么有这种感受。20 世纪 70 年代，罗伯特 · 卡库夫（Robert Carkhuff）在其人际关系培训中推出一个简单明了的语言模式："我感到________，因为________。"通过填空人们可以分享内心体验。"我感到忧虑，因为我联系不上我的女儿。""我感到恼火，因为你误导我。""我感到很激动，因为我以前从来没有看到过那么大的过山车。"人们必须定期审视洞察自身情绪状态，在适当的时候，人们希望或必须与周围其他人分享自己的发现。

改变后的成效

没有自我觉察，人们依靠反应，而不是主观能动地进行生活。人们似乎处于生活的支配下，而没能为自己和关爱的人去有效地影响生活。将感觉和情绪觉察重新连接起来，并有意识地运用这种觉察帮助人们实现生活目标，并充分享受这个过程。

明星人物

玛雅 · 安吉罗是一位美国作家、诗人，曾积极参与人权运动，鼎力支持马丁·路德·金。在威廉·杰斐逊·克林顿总统就职典礼上，她慷慨激昂地朗诵了一首她写的诗。玛雅·安吉罗女士凭借其系列自传作品而家喻户晓。她的自传记录了自己童年和青少年时期的经历。《我知道笼中鸟为何唱歌》是第一部也是备受推崇的一部自传。她被授予多项名誉学位，1971 年，凭借其诗集《请在我死前给我一杯冷饮》获得普利策文学奖提名。下文是从玛雅·安吉罗的诗集《我仍将奋起》的同名诗歌中节选的一段强有力的诗节：

“你可以用言辞向我射击，
你可以用目光向我砍劈，
你可以用仇恨将我击毙，
但像空气，我仍将奋起！”

2011 年，奥巴马在白宫赠予她自由勋章（Medal of Freedom），这是美国授予有杰出成就公民的最高奖赏。

电影人物

在电影《福斯特对话尼克松》中，迈克尔·辛扮演大卫·福斯特。该片讲述了在关键的历史时刻一场惊心动魄的智慧较量。电影背景为水门事件曝光后的第三年。自水门事件发生后，尼克松总统被迫在白宫引咎辞职。而在随后相当长的一段时间内，尼克松在公众面前消失了。但外界的媒体可没有那么健忘，毕竟水门事件的影响是巨大的，但鉴于尼克松总统一直保持沉默，也没有以个人的立场和名义对水门事件做过任何评价，也没有像无数人期待的那样进行忏悔。时间飞逝而过，三年的时间几乎冲淡了人们对这件事的记忆。然而就在这时，这场改变历史的采访发生了。1977 年的夏天，尼克松终于答应了采访的要求，并亲自来到了演播室，准备向全美国的人民开始述说自己在总统任期内所发生的一切。英国记者大卫·福斯特必须时刻洞察、把握自己的情绪觉察，否则就会被尼克松所左右，有意拖延访谈进程。如此一来，尼克松便可大大摧毁这位前脱口秀主持的声誉而改写历史，重塑声望。

尽管福斯特的研究团队工作兢兢业业，竭力为其提供事实依据，福斯特还是全身投入，四处奔波，尽量筹集付给尼克松的 600 000 美元。前三次访谈进展得不尽如人意。尼克松能够回避预先设计好的问题，成功地转入冗长的自我辩解的自我独白中。距离最后一次访谈还有四天，命运发生了戏剧化的扭转。醉酒的尼克松造访福斯特居住的宾馆，坦言这是胜者为王的世界。谈话刺激了福斯特，让他明白了自己需要做什么。他指派一位研究团队成员追踪一条之前被其忽视的线索。同事带回来一个重大发现。这个伟大的转机令福斯特在接下来的三天不知疲倦地工作，与尼克松见面时他重拾信心和必胜决心。他再也不会被误导和分心了。但这位前总统仍然是一位狡猾的对手。然而，当面对福斯特提供的新证据（其与寇克森的谈话录音）时，他不再嚣张了。现在福斯特掌握主动，时而努力推进，时而快速回拉，让尼克松难圆其说，自挖陷阱。没有高超的情绪觉察能力，水门事件背后的真相和尼克松的丑行永远陷入争议和推脱中。正是大卫・福斯特时刻细微地调整情绪变化，才能让他机动性地胜过尼克松。

SKILL 4

能力 4　情绪表达

这是什么

在 EQ-i 较早的版本中，情绪表达的有效性归于情绪的自我觉察能力。然而，两者实际上是完全不同的能力，在 EQ-i 2.0 版本中有更详尽的陈述。尽管自我觉察体现了情绪能量的敏感程度和情绪认知程度，但情绪表达衡量人们与他人交流自己感情的准确性和有效性。两者的差别如同听、说两种能力一样显而易见，人们需要多元化的情绪词汇将自己的体验从感知数据转变为言语表达。

例如，团队成员依据 TESI 衡量团队情绪觉察能力，部分衡量指标就是团队行为与情绪表达的相关性。为此，个体必须能够自由运用一定的情绪词汇精准区分团队中的各种情绪状态。这包括热情、挫折等区别明显的情绪，还包括某种情绪的不同表现程度。人们愿意在这儿，还是热情高涨地实现成功？他们担心第三方对公司新产品的评测会拖延进程，还是唯恐该产品不能实现预期效果？

为什么必须关注这种能力

情绪表达不容忽视。人们的身体不会主动地做出情绪反应，除非环境中有人们值得注意的事物。这可能是一种负价值，必须让大家回避；这可能是一种正价值，值得充分利用。它可能阻碍人们实现正在全力以赴的目标，需要人们加倍努力克服阻碍。它可能是一个机遇，支持或帮助他人或团队应对个人力量无法战胜的巨大挑战。

如何构建这种能力

拓展情绪表达词汇无疑是提高情绪表达能力的重要环节之一。如果词汇匮乏，不能在交流现时感受细微差别，那么别人很难有意识地明白你当下的具体感受。然而，非言语交流告诉他们，你开心还是不开心，你受到了威胁，还是正在受到威胁等。认识到这一点，至关重要。

勇气为坚定直率奠定了基础，而坚定直率有助于提高情绪表达能力。因此，如果人们希望更公开、更真实地表达自己的情感，必须提高坚定直率和情绪表达这两种能力。

有效表达情绪需要更主动地运用非言语表达。姿态、语调、面部表情、手势、声音的高低和节奏，以及其他非言语表达能够传达 90%以上的信息。言语表达只占到信息量传达的 7%。由于非言语交流是无意识产生的，人们会无意间流露出自己的恐惧、愤怒和判断，而缺乏对周围事物的关注和协调，最终大大削弱了人们的影响力。

节制慎言

如果你的参与者纠结于某件事，真诚地建议他们表达出来，而不要压抑情绪。具体建议如下。

- 观察自己有什么感受，为什么有此感受，然后悄悄地告诉自己。
- 深呼吸，平静下来。
- 告诉他人："我感觉____________，因为____________。"
- 为实现目标，可以观察周围同事，研究其他参与者有何感受，以及为什么有此感受。

改变后的成效

欲望、恐惧、愤怒和无私是促使人们采取行动的四类主要动机。为了满足欲望，人们采取行动，步步贴近目标；人们远离恐惧或厌恶的事物；人们回避阻碍自己满足欲望的事物、政策和个体。在利他主义情绪激励下，人们接近自己所关心的人，表达自己的情感，提供物质帮助，并希望与他人分享。理解情绪和动机之间的关系可以帮助人们更准确地读懂他人，有意识地传递简单明了的信息。

明星人物

尽管在情绪表达方面，人们可以轻而易举地选择许多诗人作为自己需要学习的明星人物，但在本章选择 T.S.艾略特作为明星人物，因为他有杰出的情绪表达能力，能够通过言语传达对生活微妙的深刻洞察。他独特的综合认知和理想等交织在一起，使其的表达能力远远超过言语表达，能力让人惊叹。但是，正如在诗集《四个四重奏》的诗歌《伊斯特·库克》中发出的大声呐喊，实现此效果不容易。

除了耐心和坚定的毅力，他也知道如何自律，即冲动控制。后来，他在《伊斯特·库克》中写道，需要等待希望和爱，虽然它们可能是错误的，但相信“这样的黑暗是光明、寂静的舞蹈”。

电影人物

电影展现了人们希望效仿的他人的生活，前提是人们敢于在现实中进行模仿。它们让人们看到了其他人如何挑战命运，构建人际关系，做出抉择，实现能够创造出的最成功、最有意义的生活。人们能够“窥视”电影人物的一举一动，这是在“现实生活中”无法做到的。通常，电影情节耸人听闻，但电影《杰克去划船》的情节鼓舞人心，极具教育意义，可以治愈心灵伤口。这是情绪表达方面的自助餐式教材。电影中两位性情中人，深深地渴望与对方相互结合、了解和被认同、去爱和被爱，尽管他们几乎没有能力实现这些。

情节介绍：杰克是一名生活在大都市中的普通人，他是一名豪华轿车司机，爱听温和的雷鬼歌曲，总是梦想能获得一份更好的工作却又懒得动身去争取。他绝大多数的时间都是和他的好朋友克莱德及其妻子露西在一起。日子久了眼见杰克还是单身一人，克莱德夫妇俩自然就开始张罗朋友的婚姻大事。他们介绍杰克和康妮认识，两人一拍即合，完全无视了康妮的职业——殡仪馆工作人员。所谓芝麻对绿豆，康妮开始教杰克学习做饭、追求新的职业，并鼓励他上游泳训练课，正当两人打得火热时克莱德和露西的婚姻却开始出现问题。

杰克（菲利普·西莫·霍夫曼饰）和康妮（艾米·莱曼饰）虽然性格内

向，便让人们知道了如此欠缺社交能力的人如何在社会上生存，进而在生活的画卷中圈出一席之地并在上面细致地描绘出生活的美好，直到画作越画越大，最终展示了一个个充满力量与英雄气概的生活情境。尽管笨手笨脚，时间观念很差，但他们真心相爱，追求着不现实的爱情。他们坦诚相待，为他们的介绍人提供了关于勇气和正直的经验教训。介绍人是一对夫妻，他们因为做出了拙劣的选择且没有及时改正，进而导致婚姻出现了问题。所有生活中敢爱敢恨的人观看了这部电影都会深刻地体会到情绪表达的细微差别。

SKILL 5

能力 5　坚定直率

这是什么

坚定直率，是指能够表达情绪、信念和观点，以非破坏性方式捍卫自己的权利。斯坦和布克给出以下定义。

“坚定直率包括三种基本能力：①表达情绪（如接受和表达愤怒、热情和性欲等感觉）；②公开表达信念和观点（能够表达观点，发表异议，拥有坚定的立场，即便情感上很难做到，即便这么做会有所损失）；③积极争取个人权利（不允许他人侵犯自己或利用自己）。坚定直率的人不会被过度控制或感到害羞，他们能够表达自己的情绪（通常是直接地表达），但不会咄咄逼人或满口谎言。”

坚定直率要求坦率直接、善用技巧、考虑他人。韦辛格（Weisinger）对此做出这样的描述：“能够捍卫你的权利、观点、想法、信仰和需求，与此同时尊重他人的权利、观点、想法、信仰和需求。”

反空间（Negative Space）概念可以帮助人们了解坚定直率和过分坚定直率的区别。艺术家和设计师运用反空间概念，利用物体周围的空间，清晰地认识物体的形状、轮廓和语境意义。例如，如果你要描绘一个梨，慢慢地将目光从梨上移开，看看它如何阻挡和遮蔽其周围空间或物体。这是检验一种概念的有用工具。

为探究一种概念的反空间，只需关注它的对立面。这有助于将错误假设和错误结论出现的可能性降到最小。坚定直率而不过分坚定直率。过分坚定直率跨越坚定直率、莽撞、争强好胜。两者重要的不同点在于，过分坚定直率无视他人的感受、观点或目标，不惜用任何代价和手段达到目的。

坚定直率表现出对他人的尊严和人格的尊重。传达可能不太受欢迎或引起争论的信息时，也如此。坚定直率是“心肠软”和“恃强凌弱”之间的平衡状态。

为什么必须关注这种能力

坚定直率是人们的支柱、毅力、勇气，让人们能够与环境相互作用，让世界听到人们的声音！坚定直率赋予人们力量，帮助人们确定自己与众不同之处。它赋予人们自我肯定感，因为通过表达自己的期望、感受和想法，可以清晰地界定自己，关注自己。

尽管坚定直率首先处理人们的内心感受和反应，但它最终通过人们的交流和行动方式得以体现。为了实现有效交流，人们通常被要求做到坚定直率，说出有风险的境况。《高超的人际交流》（*Skilled Interpersonal Communication*）的作者将坚定直率的交流描述为：“坚定直率的反应包括捍卫自己，同时考虑他人。坚定直率的风格包括公开、自信地表达个人情感、观点，尊重自己的同时尊重他人；聆听他人的观点……”

人们之间不时发生观点不同、矛盾冲突的情况。为了提高效率，不论是在工作还是生活中，人们必须准确揭示问题，处理差异。在《一次完美飞行的力量》（*The Power of a Good Fight*）中，莱恩·艾萨圭拉（Lynn Eisaguirre）坚信：“我们必须朝着和解的、友好的方向努力，而不应像躲避敌人那样去逃避。领导力包括学会重视矛盾冲突。”

如果处于危险之中，人们始终能够表达自己观点，维持甚至深化彼此关系，人们该多么快乐、高效啊！坚定直率让人们真实面对自己，尊重他人。

如何构建这种能力

构建坚定直率通常意味着：

- 节制慎言——提高坚定直率能力；
- 咄咄逼人——降低坚定直率能力。

先界定参与者在图 2-1 连续线中的位置。需要坚定直率时，他是沉默寡言还是过度表现？若没有恰当地表现出坚定直率，他通常是走向连续线的一端，还是根据情形在两个极端之间反复变化？斯坦和布克对坚定直率做出了相似的定义。

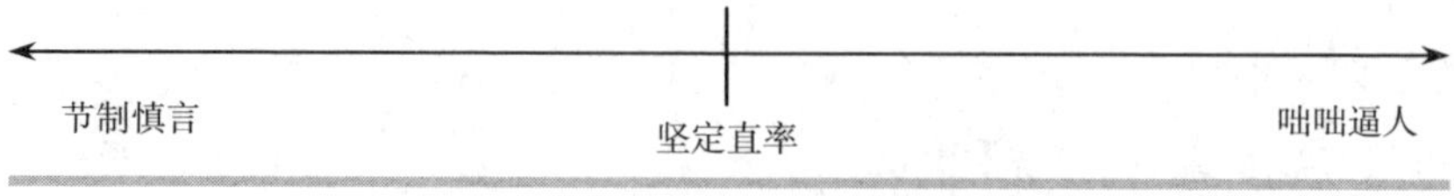

图 2-1　坚定直率连续线

要坚定直率则必须有同理心和勇气，帮助人们缓解连续线两端的行为。同理心帮助人们对他人观点的感受更敏感，减弱防御性，有尊严、自信地对待他人。此外，它有利于人们思考，如何更利于他人成长。

当人们感到懦弱时，这种能力让人们精神振奋。此外，它还能帮助人们更开放、更宽容地接受他人的观点。

“坚定直率”不等于“消极被动”

参与者能够摆脱内心的局促不安，因为他并没有直截了当地大声说出自己真实的观点，而对此并非感到不妥。

“坚定直率”不等于“过分自信”

参与者不应试图压倒或恐吓他人，让对方屈从其意，相反更应该心平气和地说出真实情况。

坚定直率是什么感受？当你努力坚定直率时，你是否变得更有效率？

改变后的成效

提高坚定直率能力可以迅速提高人们的价值、影响力和幸福感。当人们恰到好处地运用这些能力时，人们不再是巨大毁灭的受害者或工具。人们不会因为向他人隐藏自己的欠妥想法而感到难受，不会因为将丑恶感隐藏在心而感到痛苦，也不会因唐突、刻薄地爆发所有感受，而令他人不悦。

若管理者和员工均能恰当地运用坚定直率能力，公开分享信息和问题，公司会更富成效。

明星人物

公民权利活动家马丁 · 路德 · 金的“大人物”感象征着对人类价值的颂

扬和对压迫的征服。他给予黑人和穷人希望和尊严。他的非暴力直接行动的哲理和非破坏性的社会变革激起了民族意识，重新明晰了国家的重大事务。

电影人物

电影《十二怒汉》充分展现了坚定直率产生的勇气和大量后果。影片中，一个 18 岁的少年面对 12 个人组成的陪审团，能够让陪审团相信，该死刑案并非像法庭上展现的那样案情清晰，而是疑点重重。陪审团正在商讨是否裁定年少的拉丁美洲男孩一级谋杀，状告其刺死父亲一罪，对此陪审员犹豫不决，因为谋杀罪名一旦成立，该少年将被判处死刑。11 名陪审团成员当机立断地投了“罪名成立”票，只有达维斯先生（8 号陪审员）投出“无罪”票。随着调查的深入开展，影片发展为对陪审员复杂个性和情绪表达能力的研究。坚定直率通常是一种坚持不懈的精神，而不是一股不可抗力。

（剧情简介：一个在贫民窟长大的 18 岁少年因为杀害自己的父亲被告上法庭，证人言之凿凿，各方面的证据都对他极为不利。12 个不同职业的人组成了这个案件的陪审团，他们要在休息室达成一致的意见，裁定少年是否有罪。如果罪名成立，少年将被判处死刑。

12 个陪审团成员各有不同，除 8 号陪审员外，其他人对这个犯罪事实如此清晰的案子不屑一顾，还没有开始讨论就认定少年有罪。8 号陪审员提出了自己的“合理疑点”，耐心地说服其他陪审员，在这个过程中，他们每个人不同的人生观也存在冲突和较量。）

SKILL 6

能力6　独立

这是什么

独立表示能够独立思考，不受他人想法、欲望和情感的影响。它并不意味着一个人完全漠视他人的需求和社会事务。它表示一个人能够过滤他人的输入信息和期望值，树立自己的信念和价值，从而得出结论，采取影响其一生的行动。

适当的独立程度和表现方式深受社会文化的影响。东方社会视团队合作重于个人需求，而西方文化倾向于独立。永恒的美国偶像——牛仔，就是自强独立的典型代表。

为高度突出独立，电视连续剧《星际旅行：下一代》（*Star Trek: Next Generation*）创造了一个名为“博格”（Borg）的外星人社会。看似独立的个体在精神上与其他个体相连，受到同一个大脑的控制。这种理念被称为“蜂巢心智”（Hive Mind）。博格原型的作用在于他们完全缺乏独立性，遭到西方思维方式的厌恶。因此，它再次证明西方对独立自强的追求。

独立通常需要勇气，因为一个人的行为能让其脱颖而出，提高曝光度，而独立的思维和行动也许很难做到。集体思维传达了遵照他人价值和道德规范的理念。作为独立能力的对立面，集体思维不支持个性的存在。

《韦氏词典》对“独立”给出这样的定义：“不受他人控制——不屈从、不附属或加入更大的控制单元。”

为什么必须关注这种能力

独立表示能够独立思考行动，信任自己的判断。它反映自信和敢于冒险的意愿。独立是核心的领导特质，不管是全球公司的领导，还是小团队的管理者、家长，或者社区组织的志愿者，独立均能提高其效率。

独立在团队情境中至关重要，前提是它必须贯穿在团队合作过程中，并通过团队合作得以确立。一个人只有能够主动完成工作，并吸纳他人参与其中，共同为团队目标贡献力量，才会被尊为团队一员。

如何构建这种能力

关注何种情况下你不愿意锻炼独立能力。是在所有情况下，还是在与某些人接触的情况下？探究是什么原因让你不愿坚持独立。你是否在乎人们认为你不“友好”？在乎别人生气？在乎有人挑战你的职位或结论？问参与者同样的问题。

如果坚持独立可以获得更多，那么制订循序渐进的方案可以提高独立能力。坚持这个方案，你会惊讶于自己的独立能力，并挖掘自己的潜力。同样，当你指导参与者朝着这个方向努力时，他们也会发生同样的改变。

独立带来的快乐

还记得第一次骑自行车吗？

- 首先，自行车装有辅助轮，以后会卸掉。
- 其次，你只能靠两个轮子骑车。在你蹬车时，家长扶着后座椅。
- 最后，你体验到自己骑车的自由。太爽了！

和参与者分享这段经历，问他们成功学会独立骑车后，是否感到信心倍增。

改变后的成效

有独立能力的人知道根据自己的道德观和价值观采取行动，抵制不合理的事物，并对此有满足感。他们忠于自己的想法和直觉，独立感得以增强。面对艰难境况时，他们具有直面挑战的英雄气概。

明星人物

甘地是一名英国大律师，他为非洲争取民族独立和自由。他遵守自己的道德观，独立地实现社会期望值。他的一生都在反对种姓和种族偏见。他避开暴力，以个体反抗和非合作为平台在社会领域中具有显赫地位。“甘地少有的乐于反抗错误的现象，以及热爱对手，令敌人感到困惑，不得不对他产生敬仰。”他是促使印度从英国殖民统治独立出来的巨大力量。

电影人物

电影《黑客帝国》中，基努·里维斯扮演的尼奥便是独立自强的典型实例。尼奥白天是软件专家，晚上是计算机黑客。劳伦斯·菲什伯恩饰演的莫菲斯揭露了世界的黑暗面：人类是其创造的机器的奴隶。人类生活在豆荚里，他们的能量被用来运行这些机器。他们并不反抗，因为机器已经哄骗他们认为自己生活在闪闪发光的大都市里。事实上，他们生活在虚拟世界——“黑客帝国”中。

尼奥反抗黑客帝国的传统智慧，争取自由和真理。生活在黑客帝国里的人们愚昧地快乐生活，而反叛者面对着残酷的现实。选择独立让尼奥生活得异常艰辛，但让其生活得充满意义、富有意识，结束了以往无意识的梦想。

在《诺玛蕾》中，莎拉·菲尔德扮演了一位年轻的单身母亲，她在阿拉巴马棉织厂工作。她厌恶了工作环境中的悲惨境况，接触到罗·雷卜曼扮演的纽约律师鲁本。这激励她在公司成立工会。对她而言，这是一种具有潜在危险的行动。稳妥的方法是维持现状，但是强烈的独立感促使她为自己和同伴，甚至那些反对她的人改善工作环境。

SKILL 7

能力 7　人际关系

这是什么

人际关系如何是情商的检验场，是情商真正发挥作用的时刻。人际关系能力决定着生活中的其他人是迫切希望再次见到你，还是害怕见到你；决定着你的需求、欲望和目标是受到期待、认可、欣赏和尊重，还是受到排斥和忽视。人际关系的质量决定了家庭、邻里和工作场所中的社交和情感氛围。人际关系顺畅，提供了平台，让人们能够与他人分享处世经验，从中获得享受。

斯坦和布克将人际关系能力界定为“建立并保持令双方满意的关系的能力，其特点为双方在交往中都有‘给予’和‘索取’，信任和热忱都直接通过言语或行动来表达”。关键是构建彼此的联系。培养相互满意的人际关系需要把一些控制力交给某些人。但是，基于情商能力之间的自然对应，人们发现这种让权正是有社会责任感的体现。放弃某些自身利益，并“共担风险”，最能将人们的利益和注意力快速聚焦到集体的需求上。

为搭建真诚的人际关系，人们必须充分理解他人，从而预先考虑并满足他人的喜好，某种程度上满足他们的需求，他们最终决定人们的付出能否成功。更复杂的是，有时，几乎所有人都会虚伪地表达他们的期望目标，虚假地表达他们情愿或不情愿给予的事物。为搭建真正亲密的人际关系，人们必须充分了解他人，以便及时觉察他们的虚假欺骗行为，并建设性地引导他们表达真实想法。

为什么必须关注这种能力

不管多么善于伪装，人类必须关注人际关系能力，因为人们属于高等社会性动物，所以不能长久地与世隔绝。古代生物进化过程，让人们倾向于寻求与他人的交往。大脑和心脏结构及身体的神经传递介质全是数百万年的行为的延伸。你不能逃避与他人的接触和交谈，除非遭受更为极端的一些精神疾病（如精神分裂症或自闭症）。

地球变得越来越拥挤，越来越多的资源不得不众人共享，结交朋友和维持友情的能力对个体的社会发展乃至生存都至关重要。邻里之间和团队成员之间的信赖和忠诚是美国革命胜利和成功平定边界的关键。人们只有变得越来越富有，才能免于分裂和瓦解，而现在分裂和瓦解的现象司空见惯。人类要对这种人际关系的疏远付出沉重的代价。现在，人们和邻居隐含着模糊的竞争意识和猜疑，不想被他们打扰。

人际交往不仅不会让人们对社会责任投入更多的资源和关注，反而能够提高人们的抗压能力，让人们更快乐。用全新的视角，真实地审视自己，人们会重新发现，自己本质上仍属于社会性动物。

如何构建这种能力

> “友情不会因时间的流逝而中断。”
>
> ——T.S.艾略特《大教堂谋杀案》（*Murder in the Cathedral*）

幸运的是，对于真正想提高这种能力的人而言，构建持久、互惠互利的人际关系容易实现。同样，牢记：在所有 16 种能力当中，这是最容易受到人体遗传因素制约的一种能力。每个人都有一个舒适区，控制着自己保守、外向的程度。人们可以学着跨越这个区域，但要想如此必须先为自己“充电”。

首先，公正地审视自己现在的满意度。思考生活中最关键的人际关系，考虑最满意和最不满意的方面。其次，若想结交新朋友或提高现有人际关系的质量，必须发生改变。试图改变对方，注定是徒劳之举；相反，改变自己是面对某种挫折和失败的秘诀。接下来，采取具体行为，例如，更多地聆听对方，向对方进行自我介绍，寻找共同的兴趣点，理解非言语表达，谈话结束后建议在未来进行更多的联系。

当然，有的关系应当终止，虐待关系就是一例。清楚应当培养哪些关系，应当终止哪些关系也是一种能力。现在，人们关注搭建和提高健康人际关系的途径。

改变后的成效

改进人际关系能力可以给你带来许多积极的改变，如压力减轻，生产力和创造力得以提高，生活乐趣增强。庆祝成功是营造快乐的重要源泉。某种程度上，如果你能提高人际交往的质量和数量，你将拥有更多分享成功的朋友。帮助参与者构建这种能力时，他们会在实现期望目标的过程中，感到更轻松、更有成就感。

电影人物

电影《爱是妥协》中，50 多岁的戴安・基顿和 60 多岁且患有心脏病的杰克・尼科尔森相遇时，他们被彼此的真诚所吸引，希望建立稳固的终身伴侣关系。尽管他们经历了一系列的挫折，但形成了对双方都有利的更稳固关系。

SKILL 8

能力 8　同理心

这是什么

根据《韦氏词典》的解释，同理心表示能够“理解、意识、感觉、间接地体验他人的感受、想法和精力”。有效运用这种能力的关键在于，学会如何对他人感受及产生这种感受的原因做出正确的反应。

同理心表示能够“读懂”他人，与他们产生共鸣。首先要关注他人，表现出真诚聆听、理解对方的行为和情绪。这要求运用构建情绪觉察中所培养的洞察力，对他人要充满好奇心：他们现在有什么感受？这种感受有多么强烈？为什么有这种感受？

当人们学会如何区分自己和他人时，人们的同理心便开始产生。作为人类，人们能够看着镜子，辨认自己。大多数动物没有这种能力。为了培养这种能力，人们必须认识到自己和他人之间的不同。同理心不同于同情。“同情”让人们失去了关键的距离感，和其他人产生同感，以至于人们自然而然地与他人有着相同的感受。他们悲伤沮丧，你也悲伤沮丧。他们冲劲十足，同心协力，你也冲劲十足，同心协力。你没有必要知道为什么如此，因为其他人都是这样。当你需要对普通困难一同做出反应时，表现出同情或许很有效，因为同情是构建忠诚和友谊的核心。相反，缺少独立，同情心蜕变为情感依赖（尤指本人丧失了自信心与自我价值感），此时，你便失去了客观性和有用性。

积极的同理心对培养和维持真挚持久的人际关系至关重要，对工作场所、社团和家庭的顺畅运行举足轻重。当你们怀着同理心参与其中时，你们便会积极地关注他人，从多角度观察他们的交流。

朱迪思·弗露里（Judith Flury）和威廉·埃克斯（William Ickes）提道：“能够准确推断他人的想法和感受，是认识者同理心能力的最完美表现。”

为什么关注这种能力

在当今生活、工作节奏日益加快的世界里，同理心的重要性与日俱增。充分关注他人最初需要更多的时间、更多的投入和激励，但会有所收获，因为同理心能够促进更准确的交流，使效率提高、矛盾减少。正如斯坦和布克所说："当你充满同感地向对方表述时，即使双方处于紧张或敌对状态，你也能改变局面，促使争吵和焦虑变为更牢固的合作同盟。"

合作同盟可以极大地提高他们的优势和生产效率。创造合作氛围，首先双方要有同理心的互动。这是构建信赖的开端。当你帮助他人解决矛盾时，你富有同感的称赞将产生更多的交流，赋予交谈更多的灵活性，最终解决双方关心的问题。此外，同理心也同样为处于矛盾中的其他人做出了榜样。

科学家正在探索同理心和人类进化之间的联系。娜塔莉·安吉尔（Natalie Angier）在《丹佛邮报》发表的文章中提及，研究人员正在观察黑猩猩的同理心表现。她写道："情绪与引力很相像，同理心让人类事务在正常轨道上运行，正如地球围绕太阳旋转。同理心能够让个体认识到他人的困境。"

在充满谈判挑战的世界里，人们需要得到一切能够获得的帮助。在交流中运用同理心，便是最有效的策略之一。当然，如果怀有同理心地发表建议，你的建议会更富有说服力。

本书强调的每种情商能力均对其他能力产生相互影响。同理心能力的发展与情绪的自我觉察、自我肯定、现实判断和自我实现等能力紧密相关。正如莱恩所说的："能够觉察自己的情绪可能源自护理人等人的输入信息。随着时间的流逝，自我和他人的经历表现逐渐区分开。利用自己的情绪经历能够让你准确地适应他人的情绪状态。这就是表现和交流昔日情绪经历的过程。"

如何构建这种能力

学会阅读肢体语言。关注对方的面部表情、呼吸、姿势和音调，然后根据对方的身体状态调整自己。这是产生共鸣的便捷方法。

增强同理心的关键是有意识地关注他人。这需要提高兴趣，认真聆听，理解与你交流的人正在表达的信息，而不是把你对现实的解析附加给他们。辅导个体或团队时，可使用下列策略。

- 站在对方的角度思考问题。这可以是谈话中的一次快速互动，或者通过分担工作、跟随工作或其他方法体验对方现在的经历。
- 设法理解他人的责任及其面临的挑战。
- 询问。如果某人说的话似乎与你的体验相去甚远，你可以说："很有趣，请再谈得详细些。"这能让你正确理解对方试图交流的信息，也有利于对方更好地了解自己。

改变后的成效

几乎没有人喜欢争吵，但是，人们产生矛盾的根源之一就是误解对方期望表达的意思。当然，你可以指责对方，但最有效、最巧妙的策略能够促进交流的有效进行。富有同理心地去聆听，这不仅可以更准确地理解对方努力传达给你的信息，而且可以尽量帮助对方更清晰地表达他们的意思。

明星人物

1910 年 8 月，备受世人爱戴的特蕾莎修女出生于马其顿共和国的斯科普里。她感到自己有一种深深的责任感，志愿为基督部工作，因此 18 岁时，她加入德勒萨修女组织。该组织是一个爱尔兰修女组织，在印度布道。1950 年，特蕾莎修女获准成立了仁爱传教会，初衷是关爱无依无靠的人。1965 年，经罗马教皇保罗六世批准，该组织成为国际宗教家庭。1979 年，她被授予诺贝尔和平奖。她对陷于贫困痛苦境况的群体给予了无私的关爱和无限的同情，因而备受世人尊崇。

电影人物

电影《母女情深》中，许多角色都表现出对一位年轻的癌症患者所遇困难的同情。即使杰克·尼克尔森扮演的角色脾气暴躁乖戾，但他仍是一位富有同理心、乐于帮助他人的邻居。这大大拓展了他的人际关系，增进了其对生活的领悟，因为他能够更深刻地体验多种不同的自我情感。

SKILL 9

能力 9　社会责任

这是什么

社会责任包括确定并履行对更大团体在生活和工作中的其他个体的幸福所承担的责任。更大团体也许是公司、宗教团体、体育联盟、社团等。个体通过诚实的方式对社会群体做出贡献，表现出自己是一位有建设性、富有合作精神的成员。通常，个体要为团队及其成员付出时间、精力、金钱和忠诚，从而帮助团队实现集体目标，进而让所有成员受益。

为什么必须关注这种能力

社会责任是使社会和团体相融合的黏合剂。它使成员和团队形成互惠关系，支持成员发展，支持团队实现比个体单枪匹马实现的目标更宏伟的集体目标。

如何确定并知道自己就是一个社会呢？只能通过从周围社会提供的反馈，获得这种认识。现在，人们趋向于通过电子媒介交流这种反馈。因为真实的人际联系的真实能量并不存在，它很难使年青一代培养社会责任感，因此父母抚养子女成人，并以身作则，变得更加不可或缺。

宾夕法尼亚大学安娜伯格传播学院（Annenberg School for Communication）的约瑟夫·塔洛教授认为："美国正经历着社会制造媒体向个体制造媒体转变的重要变革。后者鼓励社会弱小个体自言自语，而前者具有让所有成员互相对话的潜能。"

这种变化导致新分立的群体有意识或无意识地争夺地位，认为所有"他者"都异于自己。因此，培养和维持社会责任更加困难，更加紧迫！

放任社会责任感泯灭的代价在牧师马丁·尼莫拉的一个宣言中得到最佳

体现。1945 年 10 月 18 日，马丁在德国福音教派委员会宣言：

“起初他们冲共产主义者而来，我没说话——因为我不是共产主义者；
随后他们冲社会主义者而来，我没说话——因为我不是社会主义者；
随后他们冲工会成员而来，我没说话——因为我不是工会成员；
随后他们冲犹太人而来，我没说话——因为我不是犹太人；
随后他们冲我而来，那时已没人为我说话。”

在漫长的历史长河中，竞争和合作两种人类行为交替出现。竞争行为产生了更多内容：快速的变化和创新，缩减了的货币成本，更高效的产品制造和分配，当然还有胜利者和失败者。这是因为它们的目标属直线型，可通过高智商的个体合理地引导机械过程获得。

合作行为形成更多情境：缓慢的系统—敏感变化，缩减了的社会和环境成本，更整合、更平等的资源分配，更少的胜利者和失败者。这是因为它们的目标呈多维化，跨领域地发展，遵循高情商的团队所引导的有机、直觉的流程。

在解决大多数问题中，理性智力发挥着重要作用，它让种族走出黑暗的年代，进入 20 世纪。但是自 1900 年以来，分享这个星球和所有资源的人增长了 4.5 倍，还原论的宇宙观积累的未付利息债务留下了难以理解的复杂问题，要想解决这些问题更是难上加难。所有证据与之相反，证明历史的发展趋向合作。

如何构建这种能力

塑造并恪守社会责任时，请遵循罗伯特·肯尼迪的警句：

“有些人面对原本理所当然的事情，却问为什么会发生；我却梦想着实现一些本不可能发生的事情，却问为什么不能发生。”

构建社会责任感，先要学会通过与自身利益相关的新方法对它做出评价。人们必须坦诚交流，朝着有利于大家的共同目标合作，形成合作优势，并对此给予更多的关注。高科技实现的经济优势缩减了这种意识。与其他物种相比，人们发现，任何动物都没有贪得无厌的“需求”，包括生物学上与人类最相近的猿、长臂无尾巨猴、黑猩猩和其他高等灵长目动物。其他物种对食物、领土等试图控制或消耗的事物都有量的限制，唯独人类没有。

这也许归结于人们能够象征性地思考，这种能力让人们比其他动物进化得更先进。“主客观”分离的负面影响让人们认为自己与其他事物截然不同。人们应当认识到这种错误的认知倾向，有意识、明智严厉地应对它。

构建社会责任感意指培养更多的关系，从而挖掘和表达个体间的相互依赖性，并增强对这种联系的评价。为团结大家、凝聚力量，人们必须整合提炼共同的真实需求、期望目标和利益，并对此达成共识。

为了构建这些联系，人们必须重新评价获得认同感的途径。如果人们把自己看作单独孤立的个体，可能某天会意外身亡，或者幸运地活到八九十岁，而后悄然死去。为构建社会责任，人们必须确定比自己更庞大的事物。为使 60 亿人和平、幸福地共同生活在地球上，人们关注和感知到的情感必须拓展，进而多样性。也许，将来某一天，人们会对所有环境、所有资源和所有人产生社会责任感。

改变后的成效

对他人和地球所有生命富有的责任感越强，人们越感到安全，人们得到的也就越多，也就会加倍爱护自己生存的环境。人们都将感到有更强烈的目的感，感到备受重视和欣赏，感到自己做出了非凡的贡献。人们致力于实现自己的生活目标，并希望得到更充足的支持。当人们知道自己并不孤单，并不是一个人在奋斗时，压力感顿然减轻。

明星人物

美国前总统吉米·卡特总是面带微笑，言语中透露着宁静祥和，显示出内心的平静。他不懈努力，帮助解决世界矛盾冲突，全心投入，履行社会责任，成绩斐然。他努力寻求国际争端的和平解决方法，促进人类和平和人权发展，通过“卡特中心”推动经济和社会发展。2002 年，他被授予诺贝尔和平奖。他还是“仁爱之家”（Habitat for Humanity）的核心人物。

电影人物

在电影《冲锋陷阵》中，丹泽尔·华盛顿扮演赫曼·布恩。故事发生在

20 世纪 70 年代。他在一所新学校做高中足球教练。他首先要帮助年轻人打破种族偏见，同心协力，组成高效的足球队。然后，他必须维持和继续培养大家的凝聚力，从而在社区对教练、非裔美国学生的敌对势力面前，团结一心。他带领球员投身内战的战场，让他们体验作战双方经历的痛苦和苦难。最终，赫曼·布恩构建社会责任感的良苦用心得到最佳体现。他们离开了，承诺为了共同热衷的足球，尽自己所能跨越人类自身的弱点。

SKILL 10

能力 10　问题解决

这是什么

问题解决是一种社交商能力。它与侦探工作很相近，被称为个体的侦察能力。问题解决要求人们敏锐警觉，善于观察，尽量详尽地观察周围情境。然后，通过缜密的逻辑性和系统的行动计划，根据线索，挖掘星星点点的证据，最终形成稳妥的解决方案。这要求人们密切关注，持之以恒，因为问题解决可能需要一而再，再而三的尝试。

斯坦和布克将问题解决界定为："能够在有情感因素参与的情况下，解决问题，理解情绪如何影响决策制定。"

从完全意义上讲，运用社交商和情商需要综合运用左右脑。提高问题解决能力，必须关注目前问题的解决方法。询问参与者，他们通常更多地运用右脑或左脑，或者两脑并用，解决问题。评价他们曾经解决的系列问题（从简单到一般，再到复杂），探究运用了哪类解决方法，以及实现解决方案的流程。这种直接反馈可引导参与者评价现行策略是否运行得完美，是否需要改进微调。评估过程，与参与者共同探究运用情感数据解决问题的方法。

为什么必须关注这种能力

问题解决是生活中不断应用的能力。思考怎样才能把所有资料和一杯热咖啡一起放到车里，而不会溅出一滴咖啡；计划孩子上大学和自己退休的事情。不论在哪个领域运用这种能力，人们都期望能够快速、经济、永久地解决问题。能否实现这一点决定着人们的薪金，决定着人们可以享受多少空闲时间和自由支配的资源。猜猜看！回想上次假期，你必定会记起，你必须解决的一两个重要问题，这样你才能快乐地享受假期。

如何构建这种能力

列清单

自问是否完成了下列任务：

- 正确地界定问题；
- 收集所有事实；
- 收集情感反映，梳理情绪，界定哪些有帮助，哪些阻碍你前进；
- 考虑所有可能性；
- 综合所有信息形成及时的解决方案。

或许，有效解决问题的关键因素是运用包括所有必需步骤的经验证实法。训练活动 13.1 利用了不同的资源要素，这是策略性交流领域中最重要的神经语言程式技术之一。

改变后的成效

不论从事哪个行业，提高问题解决能力会提高团队成员的价值，提高生产力和效率，最重要的是它会让你的生活变得更顺畅、更快乐。

明星人物

威廉·尤里著有《第三次成功》(*The Third Win*)，与人合著《谈判力》。他是国际公认的谈判和矛盾解决领域界的大师。作为文化人类学家，他分享了他的智慧研究。他提出，作为一个物种，人们需要“改变在家庭内部、工作场所内部、社团内部和世界内部的文化冲突，打造一种文化氛围。在此氛围中，即使最严重的争端也能在互惠互利、共存的基础上，而不是依靠暴力和高压政治得以解决”。

电影人物

电影《国王的演讲》戏剧性地展现了如何解决充满复杂情感因素的问题。艾伯特王子从四五岁开始，就苦受口吃病的折磨。他是那位第二次世界大战期间为了美人放弃江山的爱德华八世国王的弟弟。当时，收音机刚刚被用于传播政治新闻广播。整个英国要对他们的国王满怀信心。艾伯特王子最终在杰出的语言治疗师莱纳尔罗格的帮助下进行语言障碍矫正。尽管遇到许多挑战，但他们齐心协力，共同努力。艾伯特王子继位成为乔治六世，第二次世界大战期间，引领整个国家渡过难关。最终，问题得到圆满解决。为了实现这一目标，王子和莱纳尔罗格必须面对、接受和解决众多情感挑战。

SKILL 11

能力 11　现实判断

这是什么

现实判断界定人们对周围现实发生的事情的识别程度。人们学会了运用欲望、恐惧和曲解来解释和粉饰自己的客观经历。为避免对现实经历错误地做出过于肯定或过于消极的认知，人们必须形成真实可靠的方法证实对实时情境的感受、认知和判断三者之间的客观联系。

现实判断的一个重要方面是，现实判断必须发生在“现在”。斯坦和布克认为：“现实判断包括‘接受’即时情境。它能够客观看待事物，按照事物本来面目做出判断，而非按照人们所期望或担心发生的情形，做出评判。这包括寻找客观事实，以证实、判断和支持感受、认知和思维判断。”

从某种意义来说，人们永远不能直接把握现实，只能通过自己的认知获得，记住这一点至关重要。人们的认知源自亲身经历和社会学习，它们给人们描述了现实“地图”，但是不论这张“地图”多么准确，也永远成不了整个版图。提高现实判断需要人们的认知与他人的认知相一致，为现实“地图”添加细节信息。为尽可能地实现准确，“地图”通常存在超出人们认知范围的奥秘。

为什么必须关注这种能力

如果存在绝对的现实，可能没有人能够完全清楚地了解它，因为人们都学会了通过学习的感知偏见去观察、体验和构建自己的世界。因为人们只运用五种感觉中的三种去构建绝大部分的现实体验，证实所见、所闻、所感都是正确的，这会让人们获益匪浅。同样，定期检测人们的推理过程，证实自己确实针对可获得的所有信息做出逻辑性推理，这种做法对自己也很有帮助。

如若不然，人们无法做出充分的现实判断，难以实现自己的预期效果。人们可能逃避现实判断，要么因为不愿意充分地融入世界，要么因为已习惯期待得到比客观现实所展现的更好或更糟糕的结果。

如何构建这种能力

疑心重一些！问自己：

- 当我认为它与表象一致时，我根据什么做出这样的判断？
- 谁希望我认为这就是个事实？他们的动机是什么？

评价和培养现实判断能力的最佳途径是，定期质疑自己的感知和欲求。这可以通过以下方法得以实现：

首先，检测身体的感觉。“我的身体现在有什么感觉？热、暖、冷、平静、烦恼，还是失衡？”“这个信号告诉我什么？”

然后问：“我听到周围有哪些声音？宽慰的、烦人的、惊恐的、生气的、引诱的、支持的，还是挑战的？我对自己的现状能否做出准确的判断？我的真实感受与表象是否一致？我是否在积极地或消极地夸大感知的重要性？”

检验现实判断的正确程度还可以通过以下方法：判断哪些人对现实局面的后果产生具有决定性的影响。观察他们，注意他们的反应。合适的话，你可告诉他们，你面临着这个局面，询问他们能否给予帮助。

改变后的成效

培养出色的现实判断能力，益处多多。它能够让人们避免因为粗心大意让自己和他人承受意想不到的损失、失望、厄运。此外，还能促进人们和其他成员达成共识、团结一心。

明星人物

高超的现实判断能力受到乐观心态的影响；希拉里·克林顿拥有超凡的勇气，敢于把握机遇，争取目标，与此同时根据现实情境，不断地协调希望和梦想。参与纽约州参议员竞选期间，她便展露出这种能力。同样，2008 年，参选美国总统选举时，这种能力也彰显无遗。她离成功只差咫尺，为美国女性开辟了新的道路。作为国务卿，在应对世界重大事件时，她不断运用现实判断、乐观、勇气等能力，展现出高贵的尊严。

电影人物

电影《拆弹部队》是一部剧情紧张的电影，描写了一个现实场景。在伊拉克反政府武装和驻伊美军之间的残酷斗争中，美国精英拆弹专家参与了一项最为危险的工作：拆除炸弹。现实判断不能有丝毫差错的拆弹过程，拆弹专家命垂一线的剧情，让观众紧扣心弦。导演凯瑟琳・毕格罗凭此情感剧一举获得奥斯卡金像奖。

SKILL 12

能力 12　冲动控制

这是什么

冲动是指迫使动作发生的推动力，不受逻辑和理性的控制，源于个体持久而强烈的潜意识。冲动随着强烈的紧迫感而变化，并因心理或生理因素的影响而激化。冲动对个体有利也有弊。人们必须关注生命中显而易见的结果和影响，从而决定应当在何种程度上控制自己的冲动。

本书重点讨论如何控制对效率产生消极影响的冲动。欠缺冲动控制能力是造成人类众多不幸和痛苦的根源，其中包括刚刚被认定为现代社会危机的"公路暴怒"。"公路暴怒"是指汽车司机无法控制的暴怒。

莱恩将冲动控制描述为："不采取为获得暂时快感而造成潜在的长期的不良影响的某种行动。要想做到不意气用事，必须在发生冲动之举之前，在思维中再现该行为对未来造成的后果。因此，冲动控制包括识别最初的行为趋向，预见行动产生的负面后果。因此，冲动控制还包括控制行动趋向。"

巴昂对冲动控制给出这样的定义："能够抵制或拖延一种冲动、内驱力或行动倾向。它包括能够忍受一个人的进攻性冲动，控制侵犯、敌对和不负责任的行为。缺乏冲动控制能力则体现在挫折忍受力低、行事鲁莽、缺乏愤怒控制能力、出言不逊、失控、脾气火暴、做出反常行为。"

为什么应该关注这种能力

控制或抑制不利的冲动行为是实现高效的关键。现实一点儿：如果一个人不能停止酗酒，不能控制自己一个劲儿地往嘴里填食物，或者不能停止殴打妻子，其自爱能力和人际关系将受到削弱。如果一个人在工作场所中表露愤怒的情绪，这可能损害其与同事、参与者之间的关系。

A 型人格，以行动为导向，喜欢运动，一心多用。这类人对控制情绪持有悲观态度。他们承认性格是其成功的关键、竞争优势、必要的成功特质。他们或许没有考虑到自己或其他人清理他们留下的破碎玻璃需要花费多长的时间。不能有效控制冲动的人应当小心：这类人通常缺乏耐性且脾气暴躁，往往容易引起他人的敌视，这会导致其心脏病的发病概率提高，因此会在工作中付出昂贵的代价。

如何构建这种能力

构建冲动控制能力要求确定、分析和改变无意义的行为。控制冲动要求善于觉察自己的情绪，深思熟虑后采取行动，杜绝根据下意识采取行为以得到瞬间满意。参与者必须明确“我能够从中得到什么好处”，并思考回答“他人能够从中得到什么好处”的变通方法。

冲动行为影响最终结果

- 运用有效的自我交谈方式，如对自己说，“这次我要三思而后行”，战略性地思考，避免冲动之举。
- 牢记，瞬间的满意抵不过冲动造成的恶果。

问题

- 冲动行为能让参与者在哪些方面感到满意?
- 瞬间产生的好感有哪些?

改变后的成效

控制冲动会提高生产效率和自我肯定感。通过果敢和周密的理性思考克制具有强迫性的冲动力，可以产生和释放力量。若能提高这种能力，个体应对生活中的问题时，一定会有更好的表现。他会体验到以下行为改变：

- 等待适当的时间与员工讨论问题，而不是头脑一热就信口开河。
- 会议中，让他人表达完整的想法，而不是自己垄断话语权。
- 放松地走下车，面对挡住自己路的“白痴”司机，也能如此。
- 保持更苗条、更健美的体形。

明星人物

乔治娅·奥·吉弗是一位严格自律、富有想象和创造力的艺术家。她是 20 世纪杰出的艺术家之一。她的许多作品创作于北墨西哥州，现在那里被视为她的故乡。她一直关注提高自己的能力，成为艺术创作大师。她这种全新投入实现目标的精神充分体现其强大的冲动控制力，正是凭借这种力量，她才能创造出如此杰出的作品，让人们得以欣赏到她的高超艺术。

电影人物

格里高利·派克在影片《杀死一只反舌鸟》中饰演律师阿提克斯·芬奇。故事发生在 20 世纪 30 年代大萧条时期的美国南部亚拉巴马州。种族歧视在当时很猖獗。阿提克斯担任被告汤姆·罗滨逊的辩护律师。黑人汤姆被诬告强奸白人妇女梅艾拉·艾维尔。因而，这激起梅艾拉父亲鲍勃·艾维尔的愤怒。

事实是，梅艾拉邀请汤姆到她家修门。汤姆一进门，梅艾拉就挑逗他，汤姆对此断然拒绝。他的父亲勃然大怒，要杀了自己的女儿，因为女儿被一个黑人所吸引，这是最大的禁忌。汤姆离开后，鲍勃狠狠地抽打女儿。后来，梅艾拉和鲍勃统一口径，宣称梅艾拉受到汤姆强奸和殴打。鲍勃按其复杂的逻辑思维，希望无辜的汤姆遭到绞刑，因为梅艾拉被他吸引了。

阿提克斯表现出出色的冲动控制能力。例如，当汤姆用最卑劣的语言向阿提克斯表达他的不悦时，阿提克斯表现出极强的冲动控制能力。另外，当鲍勃向他吐痰时，他的良好表现也是出色冲动控制能力的范例。鲍勃显然渴望产生一场激烈的争斗。阿提克斯控制住自己的冲动，避免自己做出同样的过激反应。

SKILL 13

能力 13　灵活

这是什么

灵活变通的人在出现反常情况时，能屈能伸，见机行事，事后迅速恢复常态。灵活性强的人可被比作柳树，在狂风大作的天气中，大风将树枝从坚固粗壮的树干上扯掉，而柳树能够随风大幅摇摆。根深蒂固的根系支撑着整棵树，赋予它非凡的灵活性。这个庞大的根系就好比支撑个体或公司发展的核心价值观。拓展灵活性时，人们必须尊重自己的核心价值观，因为如果对此产生动摇，人们将失去力量、目标和诚信的根源。

人们对灵活性褒贬不一。一位工人是这样描述自己的同事的："快速适应新环境，这种能力对其成功起到了极大的促进作用。"而针对这位同事，另一个人会说："她的态度随风倒，老板什么态度，她就什么态度。她不值得信赖、精于权术、优柔寡断。"人们为什么要灵活变通和如何做到至关重要，识别他人是否运用灵活变通策略和为什么运用同样重要。

《韦氏词典》将"灵活性"定义为："愿意或乐于屈从他人影响（易控制的、易驾驭的），表现为可塑性、适应性、可变性，不断地适应新环境，随时准备做出改变。"它的同义词有灵活力、顺应力、弹力和柔性。

斯坦和布克在界定"灵活性"时，强调"情商的这个部分适用于你应对不熟悉、无法预知和不断变化的环境时所需要的全部能力。具有灵活性的人在证据证明他们错了的时候会改变想法"。

灵活变通的人通常能够适应新环境，头脑灵活敏锐，思维开放，能够容忍各种差异。他们不会固执己见，一意孤行，通常也不会力劝他人信服他们的言论。快乐和灵活性经常相互影响。我们最喜欢提问参与者的一个问题选自《奇迹课程》（*A Course in Miracles*）："你宁愿幸福，还是宁愿正确？"灵活变通的人会选择"幸福"。

并非所有的评价都是积极肯定的。有时，灵活的人被界定为好弄权术、变化无常或不可信赖的人。美国前总统克林顿高度灵活变通，这让他在得到巨大称赞的同时，也受到了强烈的批判。他遇事先推测自己的处理能力，可行的话再给予强大的推动力。这种策略侧重有所进展，而不是为维持坚定的意识形态立场而最终一无所获。人们对这个策略褒贬不一。

高度灵活变通的人可能被认成为取悦权贵而对原则妥协退让的人。如果这种评价是正确的，那么这种“灵活”并不明智。一个人需要正确地运用灵活性。首先，必须做出翔实的现实判断，尊重他人，而不应在价值观上做出退让。因此，与其他情商能力一样，灵活必须与其他能力综合运用，而不能单独使用。

发生意想不到的事情（如新数据达到）时、环境发生改变时，甚至当人们对“旧”信息有了新的理解时，运用真正的灵活能力，见机行事颇有成效。然而，有的人利用他人的灵活性，有时捏造虚假变化，从而操控局面、控制相关人员。例如，有一位员工，他的经理是一个灵活变通的人。这位员工因不愿按指示执行任务，为了逃避工作，有意夸大工作的阻碍。

和其他事物一样，灵活性需要结合情境而运用。“全脑思维”研讨会让劳伦认识到了这一点。作为所在城市的人力资源主管，她为几个部门订购了“全脑思维”问卷，并出席了一些研讨会。劳伦是公司首位聘用的主管，她要创建该城市的独立的人力资源部门。公司其他人对她和该部门如何运行有很多想法。劳伦，富有同理心，处事灵活。她试图让所有人满意，而自己却心力交瘁。劳伦投入了过多的时间工作，而成功却微乎其微，因为她同时关注太多的事情，以至于所有事都需要很长的时间才能完成。一天，在一次“全脑思维”研讨会中，她最终发现了自己的问题所在。她的高度灵活性让她付出的代价远远超过了它的成效。这是劳伦成功、快乐，以及该部门成功的转折点。成功地表现灵活性有其限度，而且要求个体乐于做出改变。

为什么必须关注这种能力

在当今的快节奏时代，变化层出不穷。快速适应变化是成功人士最重要的特质。这能够让他们迅速避免或利用一些影响其所处境况的关键因素，而不是陷入“它怎么会这样”的自我挣扎中。顽固的人会固守自己的“安全线”，而不是关注更远大的目标。这让他孤立了同事，而不能构建团队。

你愿意生活在“应该、猜想、希望是”当中，还是自在地“与现实和睦相处”？答案显而易见。关于如何应对变化的上万本自救图书对此都进行了详尽的描述。日益复杂的世界里如果没有不稳定因素，接纳变革、灵活行事就不会成为人们强烈的需求。然而，相关主题的大量图书表明，许多人为了掌握灵活变通的适当方法，在众多流程和情境中挣扎着。

未来主义者给人们做出惊人的预测，未来是一个动荡无处不在、变化无时不发生的世界。因此，灵活变通能力至关重要。当人们感到变化频频发生，导致自己变得更加僵化而不愿接受新形势时，这种能力尤为重要。

在太极中，人们首先双膝微微弯曲，促进能量流动。这并不是改变你的姿态，而是让其达到意想不到的增强效果。人际交往中，运用灵活性也是如此。当今和未来世界的成功人士必能见机行事，同时运用现实判断和同理心。

因此，重视提高灵活能力，能够实现以下效果：

- 能够适应快速变化的世界。
- 提高效力，因为灵活性会让你接受最新变化，而不是为了颜面墨守成规。
- 让自己更快乐，因为你能满足于现实，而不是渴求与事实不符、主观意识强加的现实。

如何构建这种能力

面对挑战时，运用头脑风暴策略。给自己 10 分钟时间，思考可能因素，然后再寻找答案。

心存顾忌与缺少灵活性具有直接的联系。怎么让参与者综合现实判断和乐观能力，判断陌生环境，从而拓展信任呢？思考片刻，对现实做出评判，然后做出回答，从而增强他们的信誉度。这样，其他人也会赞赏他们深思缜密的回答。

关注有碍信任力确立的言语，如“我通常在重要项目上犯错误”；留意自我保护性言论，如“我必须保护自己免受上级的攻击”。参与者如何拓展个人能力和自然反应以具有更大的灵活性？

改变后的成效

灵活能力的提高可以带来巨大的成效：享受更大的自由度，不必总是顾忌正确与否，生活处于平衡状态，工作负担减轻，压力缓解，防备心理减弱。人们甚至能够活得更长寿、更快乐，因为积极思考可以增加脱氢表雄酮分泌。脱氢表雄酮是人体分泌的一种重要的生理活性物质，对保持正常体能和性机能、延长人的生理和心理寿命等发挥着重要作用。你可以成为更成功的领导者和督导。灵活性让你不必庸人自扰，生活充满了更多的乐趣。

明星人物

梅丽尔·斯特里普是一位广受赞誉的女演员；16 次获得奥斯卡提名，堪称史上之最。她曾两次获得奥斯卡奖项。作为一名艺术家，她在表演艺术上堪称完美，作风严谨缜密。同时，她高度灵活机动，能够真实塑造各类角色，从《穿普拉达的女王》中的犀利女商人，到《妈妈咪呀》中的自由奔放歌手。实际上，她的身体也很灵活——在《妈妈咪呀》中，她能在床上跳起来，做劈腿动作。

电影人物

电影《野百合》中，人物西德尼·波蒂埃的杰出业绩是突出灵活机变能力的典型表现。他热心帮助修女，满足她们的要求，以至于一些人会认为他消极被动，一事无成。但在整体重心和目标上，他从未做出让步，成功地完成了使命。

SKILL 14

能力 14　抗压

这是什么

生活中充满了压力。压力源繁多且各异，交通堵塞、准备关键的商务提案、为管理团队做讲演、筹备婚礼、爱人逝去、照顾刚出生的婴儿、搬进梦寐以求的新家等都会使人产生压力。快乐和难过两种情绪都会使人产生压力。生活中的压力源不可避免。

应对压力不是一个“如果出现”的问题，而是“什么时候”“多长时间一次”的问题。压力出现时，情商能够帮助个体分析局势，机智勇敢地处理情感。问题是人们对压力做出的主要反应就是抗争或逃避。在过去，大多数压力产生于对身体安全的恐惧。例如，被野生动物追赶时，人体自动提速，起身搏斗或拼命地跑。危机结束后，身体通过“放松反应”恢复常态。

如今，人们感受的压力通常无须做出肢体反应。然而，身体和思维就像人遭遇动物追袭一样，本能地应对感知的威胁。人们不自觉地提高反抗或逃避的反应速度，但是必须抑制这种冲动。人们经常感到压力没完没了、长期存在，包括工作或家庭的现时压力、棘手的经济问题、现时的人际关系问题等。谢德拉（Childre）博士是美国心脏数理研究院（Institute of HeartMath）的创始人。他认为：“压力刺激荷尔蒙肾上腺素、去甲肾上腺素和皮质醇的分泌，最终令人体枯竭。如果无法抑制慢性压力、敌对、愤怒和消沉等态度，个体会病倒，最终死去。”

鉴于放纵压力的消极影响，为保持健康，我们必须拓展忍受、处理压力及压力暗示的能力。巴昂对抗压给出这样的定义：

“能够积极主动应对压力，承受逆境和压力，而不会‘崩溃’……这种能力基于：①选择应对压力的行动方案（如足智多谋、行之有效地提出合适的方法，知道做什么，该怎么做）；②乐观地处理新经历和新变化，乐观地对待成功并战胜眼前的困难（相信自己有能力面对和应对这些局面）；③感觉一个人能够控制或左右紧张的局面（如保持冷静）。”

为什么关注这种能力

你在开玩笑吧！生活质量深深受到抗压能力的影响。如果一个人不能承受压力，就不会过得幸福。长期的过度紧张有害于身心健康，并会降低办事效率。处理压力不但有利于健康，而且能够提高效率。

如果不能有效地处理日益增加的压力，个体通常会付诸自我治疗，如形成吸毒、酗酒、抽烟、混乱的饮食习惯或不健康的生活方式等。

压力会增加心脏病的发病概率。据马约诊所（Mayo Clinic）研究，“压力和愤怒会增加冠状小动脉硬化疾病的患病概率”。约翰霍普金斯大学医学院和公共卫生学院对 1 055 人跟踪调查了 32 ~ 48 年，研究他们早发性心脏病发病率与对生气的反应之间的关系。脾气暴躁、易怒、表达或隐瞒愤怒的人得早发性心脏病的可能性比常人多出三倍，他们 55 岁之前患心脏病的可能性更是超过常人的六倍。

巴昂强调压力管理和冲动控制之间的联系。控制冲动能够减弱潜在压力。这是有效控制压力和提高其他情商能力的重要方法之一。

如何构建这种能力

压力工具包——做好准备

- 提高应对压力造成的心理和生理影响的技巧，如有节奏地呼吸。
- 培养应对压力的策略，可让处于压力状态中的你轻松应用。例如：“下次再从克里斯那儿接到‘暴躁傲慢’的语音邮件，我会斟酌斟酌再回复。”
- 多做训练活动。

你的参与者如何知道谁能更好地忍受压力？你的参与者是否寻求有效控制怒火的行为榜样？

抗压和乐观为人们呈现典型的“鸡生蛋还是蛋生鸡”的难题——孰先孰后？现实中，两者共存。一种能力的提高有助于另一种能力的掌握。正如巴昂所说，乐观和抗压两者的关系错综复杂。你必须保持积极肯定的态度，相信自己能够成功驾驭变幻莫测的生活。

培养减少和应对压力的策略和技巧。思考可以得到什么，确定什么最有趣，你可以做什么，然后再进行尝试。你可以通过训练活动、沉思、形象化、深呼吸、肌肉放松、生理反馈和按摩疗法等途径缓解压力。处理参与者事务时，选择并运用适合他们的最佳策略。

管理压力的另一个方法是调整参与活动的先后顺序。可以通过训练、娱乐活动和短期度假等方法缓解压力。饮食是管理压力的关键。吃过多的不健康食品或摄入营养食品不足，均会对身体产生拖累。身体承受着处理体内垃圾，且在供给不足的情况下维持健康的负担。

提高人际关系能力、振奋勇气能够有效提高抗压能力。人们往往逃避会长期产生压力的事件，而非通过建设性的讨论解决问题。你可以敦促参与者提高公开、正确讨论和解决敏感事件的能力，与此同时维护自己和他人的尊严。

最后，大量运用幽默感。困境中保持幽默感，有利于协调荷尔蒙水平，产生更多的内啡肽缓解痛感，增强耐受力和快感。

改变后的成效

成功孕育更多的成功。当个体提高处理压力的能力、拓展压力管理策略时，自信心将得以增强，因为他们知道自己能够解决问题。随着自信心的增强，他们必将乐观地应对未来的压力局面。

明星人物

汤姆·汉克斯每次出现时，总是面带笑容、泰然自若、和蔼可亲，乐于帮助他人取得成功。他是一位极具天赋的演员，凭借影片《费城故事》获得奥斯卡最佳男演员奖，凭借影片《阿甘正传》获得最佳导演奖和制片人。“互联网电影资料库”上引用了他说的话：“我的工作不仅是乐趣，更多的是一种恐惧。你经常要在高空电线之类的东西上行走。这更像一位运动员。当人们询问出色的足球明星或板球运动员，比赛即将结束时，他最留恋什么。他们会说，正是足球或板球飞向自己方向的时刻。正是那种绝妙的交流、那种‘可别让我把比赛搞糟了’的心情，最让人留恋。如果我没抓住机会做我应该做的事情，我会遗憾终生。这种惊恐让我感觉到自己的存在。这是一种奇妙的感觉，与世界上其他事物都不一样。”他的话精辟地描述出，如何运用抗压能力推动前进，而不是让压力削弱自己的力量。

电影人物

电影《珍爱》是根据萨菲尔（Sapphire）的畅销小说《推》（*Push*）改编而成的，明星嘉伯蕾·西蒂比（Gabourey Sidibe）在影片中饰演 16 岁女主人公珍爱·琼斯（Precious Jones）。在琼斯看来，成功对她来说几乎非常渺茫，两次被继父强奸导致怀孕。她不会读书，不会写字，同学都嘲笑她胖。她的家庭生活恐怖可怕，与继父的乱伦关系，母亲残暴专横，身体和情感上都将她禁锢起来。正处于这种悲惨境况，琼斯创造了辉煌，学会了读书。因为第二次怀孕被学校开除以后，琼斯被推荐到一所进修学校，在那里她最终得到他人的关爱。琼斯是一位富有创造力、幽默感和热情的年轻女性，她寻找到力量改变自己的人生，而不会被生活重压压垮。

SKILL 15

能力 15　乐观

这是什么

乐观主义者认为美好的事物层出不穷，永远存在；而不好的事物是有限的、暂时的。即使他们没有找到解决问题的方法，他们坚信马上就会有办法，事态是可以控制的。

乐观态度与成功紧密相连。单凭这个事实就足以让多数人竖起耳朵，提起精神！“如何培养乐观态度，让我更成功？”他们问道。成功与期望值管理有直接联系。然而，人们体验到的成功类型取决于自己界定成功的方式。人们经常首先想到钱，想到钱能买到的所有事物。但是，此后，他们还会提到作用更持久的成功，如健康的身体、快乐的家庭、安全繁荣的社区。乐观可以帮助人们实现所有这些目标。但是究竟什么是乐观呢？

《韦氏词典》对“乐观”给出这样的定义：“一种信念或观点，相信现实本质上是美好的，或者是完全美好的；或者与想象的一样美好；往往用最美好的言语解释行动和发生的事件；将不利的方面、情况和可能性降低到最小，期望发生最好的可能结果。”

《学习乐观》（*Learned Optimism*）的作者马丁·塞利格曼指出，乐观向上的人往往认为失败只是暂时的，不是他们的过错。困境可以变成一种挑战、一个有所作为的机遇，或者呼唤出更大的努力。

巴昂将“乐观”界定为“能够看到生活中更美好的一面，即使面对逆境，也能保持积极肯定的态度。乐观是指个体心怀希望，追求生活，是积极的生存方式。乐观是悲观的对立面，悲观是消沉沮丧的普遍表现”。

人们采取积极的态度应对美好的事物，相信美好是永恒的。人们认为，“今天生活得很美好，因为我们努力做适当的锻炼，有意识地努力做到更友善”，而不是“今天生活得很美好，但是我不知道这是为什么，也不知道明天将是什么样子”。此外，人们对坏事做出一种具体的解释，使之成为暂时的现象。因此，人们会说“我们的工作负担现在很重，该寻求一些帮助了”，而不是说“我们很忙、很累，永远摆脱不了高负荷的工作周期”。

为什么必须关注这种能力

正如塞利格曼在书中写的：“乐观使忧愁逐渐散去，身体越来越棒，成就越来越多，而付出的代价越来越少。”你希望自己的生活兑现多少那么美好的描述呢？所有？显然，如果人们能够保持乐观的态度，生活会更加美好。

乐观更像幸存者。马克 · 詹金斯描写过包括阿伦 · 拉斯顿在内的幸存者的故事。登山青年阿伦陷入美国犹他州南部的缝隙峡谷，绝地断臂进行自救。詹金斯引用英国哥伦比亚大学心理学教授皮特 · 聚德费尔德的话，“处于高压下，人们可能变得更加死板，这只会降低他们的生还概率”。他接着说，即使在困境中，“幸存者是适应能力极强的人。他们知道如何即席作战，他们思维开阔，寻找变通，构思策略”。牢记，困境逃生需要综合运用情商中的精神风貌中的整体理念，包括快乐和乐观，并结合问题解决能力。当然，所有能力融会贯通，情商才会更成功。

美国心理学协会从马丁 · 塞利格曼和格雷戈里 · 布坎南在 1995 年和 1996 年的研究中得出，乐观与身体状况的改善有密切联系。他们调研了常常感到郁闷消沉的两组大学一年级学生。一组没有接受训练，另一组参加了认知应对能力的培训班。接受培训的一组谈道，他们只有较少的消极精神健康问题，身体状况良好，积极地参加体检以维持身体健康。这些研究成果足以激励众人培养这种能力，保持良好的心态。

如何构建这种能力

关注解决方法

- 关注可能的方法和答案，而非问题。
- 充满感激。不辞辛苦地主动表示感谢，确保每天至少十次向他人表达自己的感激之情。

培养乐观的心态，最重要的是知道你对自己的态度。许多人认为他们天生乐观或悲观是不可改变的。事实并非如此！认知发展策略认为，学会阻止发表消极言论意义重大。如果参与者经常认为坏事情是永存的，就要帮助他们学会挑战自己，改变他们的想法。如果他们实施第 3 部分的训练活动，便能学会给自己提供更多的积极信息，从而改变生活。当然，人们越是肯定自己的能力，越是能够肯定自己。这是 16 种能力多元联系的众多范例之一。

另一个灵验的策略就是充满感激。你现在要干什么？停下来，深呼吸，列举五件事。现在！我们指的就是现在！现在就停下来，不要再读下文了。列举你要致谢的五件事。我们保证如果你做这项训练活动，每次做完，得到的答案都是不一样的！现在，你的态度会更开放、更积极、更乐于推进工作，从而帮助参与者从书中获得更多的机遇。

改变后的成效

增强乐观态度可以改变生活的方方面面。我们并非是漫不经心地做出如此广泛的概括。你会发现有很多关于乐观产生积极影响的资料，如《学会乐观》《真正的快乐》(*Authentic Happiness*)《情商优势》(*The EQ Edge*)等著作。许多研究都支持这个观点，因此我们确定乐观态度具有神奇的影响力。为了极小的投资，参与者就能学会改变想法、思考问题的积极面，这将有助他们形成更健康、更顺畅的人际关系。人们的信念通过自己使自己的信息得以证明。自我谈话对促成未来现实的实现具有巨大的影响力。

明星人物

纳尔逊·曼德拉被众人推崇为世界最鼓舞人心的领导者之一。如果关押入狱是实现最终目的的唯一方法，曼德拉宁愿再被关押数年。他不断提出想象中的高水平变革的可能性。他长期持有的乐观态度带领他和他的国家奔向一条全新的道路：团结起来，获得尊重。作为南非总统，他重新唤起人们的乐观信念，坚信一定能成功克服困难。他赋予人们出席、选举、积极参与政府管理的勇气。

电影人物

《绿野仙踪》描写了一群寻宝人。他们最终知道自己面临的问题中将有答案。多萝西为引领者，这位小姑娘在巨大挑战面前表现的“能做”的乐观态度激励着铁皮人、稻草人、胆小的狮子，战胜恐惧，实现自己的心愿。

堪萨斯州的一场飓风让多萝西晕倒。醒来后，她发现自己来到了奥兹国。受到好心的北方女巫的鼓励，她乐观地相信自己一定能找到回家的路。女巫告诉她必须步行寻找奥兹国魔法师。一看到稻草人，她就利用自己日益增强的乐观态度，让他相信奥兹国魔法师将帮助他找到他最期望得到的头脑。此后，她鼓励狮子相信他会找到勇气，铁皮人相信自己一定能找到心脏。

他们历经重重考验和挫折，最终找到奥兹国魔法师，却发现他是假冒的魔法师。然而，经历了这件事后，所有人都认识到，虚无的期望目标让他们坚信这个目标，并为之努力，为之行动。这个过程实际上让他们培养了自己最梦寐以求的能力。如果你受到严峻的考验，甚至感到惊慌害怕，多萝西定会建议你牢记，你只是不知道答案而已。如果你坚信问题终将解决，你的不懈努力必将使之成为现实。最后，她会建议你关注自己的目标和意愿，加紧步伐，说“再没有比家更好的地方啦”。

SKILL 16

能力 16　快乐/幸福

这是什么

人们都以为自己知道快乐到底是什么，但是真是如此吗？新版 EQ-i 2.0 对快乐给出了新的定义：它与 14 项副标准分开，与一种称为“幸福指示”的新理念融合起来。它与情商总数无关，而与自我肯定、乐观、人际关系和自我实现等能力紧密结合、相互作用。新的快乐定义强调将快乐视为个体情绪状态和幸福的指示，与巴昂研究紧密联系在一起。

巴昂认为快乐“表示对生活感到满足，过得开心快活，充满乐趣。”他接着说：“快乐包括自我满意度、整体满意度和享受生活的能力。”巴昂在广泛的调查中发现，最为重要的或许是，快乐“是个体情商和情绪状况整体水平的一种副产品或指示标”。

这个定义表明，快乐程度是所有情商的指示标。当然，定义中的一个关键词是“满意度”。人们对现状的满意度很大程度上影响着自己的快乐程度和整体情商。

《韦氏词典》给出的定义让人们注意到快乐的不同程度：“相对永恒的幸福状态，令人愉悦的情绪占主导，价值排序从简单的满意到深深地享受生活乐趣，自然而然地希望持续久远的愉快心情。”

《真正的快乐》（*Authentic Happiness*）一书中，作者马丁・塞利格曼分析了三种类型的快乐：“快乐的人生、美好的人生、有意义的人生。”快乐的人生的快乐是一种简单的快乐，通常指身体上的快乐，这种理念与快乐主义一致。它包括关注最大的快乐感，如金钱、食物、服装，同时将痛苦降到最低。美国消费主义就是这种快乐主义的典型表现。

“得到期望得到的事物”是塞利格曼对“美好的人生”的定义核心。这可能是标准的快乐主义，但是它的含义更为深远，如对知识和职业发展的追求。

打造事业对你来说至关重要，以至于为了实现这个目标，你愿意长时间忍受工作带来的巨大不适甚至疼痛。

“让世界成为更好的地方”是“有意义的人生”的核心理念。人们追求为他人创造这种快乐形式，宽宏大量使之成为现实。

为什么必须关注这种能力

人们每隔多久会说希望自己更高效？提高效率意味着更成功地实现目标、完成心愿。对一些人而言，这些成就就是快乐，是其唯一的有意义的目标。而在另一些人看来，快乐的要求更具体，如健康的环境和内心的平静。

对快乐进行的广泛研究证明，快乐与健康、颇有成就的职业发展、成为公司或家庭中有贡献的一员等方面联系密切。快乐程度影响着全部能力的培养和运用，同时也取决于所有情商能力。

如何构建这种能力

培养快乐感

你愿意快乐还是正确？

一个月中，每天观察什么时候你为了快乐而必须做到正确。选择快乐，放弃正确，看看会发生什么？

塞利格曼罗列了一个经典名言：

“如果你想快乐，小憩一小时，钓一天的鱼，一个月之内结婚，一年内得到遗产，一生帮助他人。”

你想得到什么样的幸福？你有什么目的？有趣的是，哲学的核心问题对构建幸福的高效策略的选择，至关重要。培养快乐感，你需要做到：

- 锻炼身体，分泌更多的内啡肽（能让人产生愉悦感减轻压力）。
- 反思。要么通过记日记等形式自我反思，要么和一个同事一起分享。
- 关注你“需要的”。你如何知道自己得到的已足够多？
- 与他人分享。

改变后的成效

为了体验提高快乐带来的变化，人们必须重视自我谈话。如果人们确定了生活的目标，并对此充满希望、快乐面对，将对自己产生深远的影响。

在追求幸福快乐的过程中，尤其以实现“有意义的人生”为中心，人们放慢了脚步，并表达内心的同理心。这将带来一系列的反应。随着快乐感的提高，人们体验到身体状况上的重大变化，人们变得更安逸舒适、更愉快无忧。幸福快乐的人寿命更长，更能充分享受人生。

明星人物

朱莉·安德鲁斯是英国电影和舞台剧女演员、歌手和作家。她曾荣获奥斯卡金像奖、英国电影学院奖、艾美奖、金球奖、格莱美奖、美国演员工会奖、全美民选奖和世界戏剧奖等多个奖项。众所周知的是她的两部音乐剧——《窈窕淑女》和《卡米洛特》。《欢乐满人间》和《音乐之声》两部电影是她的代表作，前者使她获得了奥斯卡最佳女主角奖，后者使她的人气飙升。通过她的出色迷人的演技，她把微笑带给了世界上成千上万的人。

电影人物

《纽约客的故事》是一部充满温情、情节有趣的电影，影片中年轻人勇于表达情感、坦诚相待、成熟稳重。剧情围绕六位纽约客纠结的爱情、友情，以及成年人面临的挑战而展开。

第 3 部分

提高情商能力的训练活动

第 3 部分提供体验式学习情境的训练活动。第 2 部分讨论的每种情商能力在此部分都配有相应的四五套训练活动。开展这些训练活动时，做到以下三点至关重要：了解期望参与者形成并塑造的能力，洞悉参与者在此方面存在的潜在弱点，理解行为的变化过程。

熟知相关信息

我们建议在开展训练活动时，首先阅读第 2 部分描写相应情商能力的章节。凭借练习情境和对该能力的了解，你或许需要进行更广泛的阅读和研究。

导师所需能力

解决情商问题时，必须关注必需的引导能力和本书推荐的最佳训练活动。本书已列出每套训练活动所需的导师水平。然而，难易程度因人而异。有的参与者容易完成的训练活动在其他参与者看来可能难度较大。因此，开展训练活动时，必须对特殊情境有自己的认知和判断。

提高情商能力，要求培训师、导师、教练、理疗师或管理者特别关注参与者的技能和需求。培养和发展情商能力应注意以下几点：

- 提供安全的环境。创造让参与者感到舒适的工作环境，让他们影响自己的学习过程，认识到自己的问题和成就。

- 确定并严格遵守保密规则。从实施情商提高训练流程开始的那一刻，就应告知参与者会被使用的信息、使用原因及使用方式。只有清楚地知道你将与谁展开什么讨论，你才能干预指导对方的情商能力。前提是，你不能与他人讨论有关参与者的任何信息。保密规则能够营造信任的环境，这是成功实现信息交流的关键。
- 亲身体验。亲身体验方能引起变化。对新理念的认知和理解会刺激个体发生改变，但是行为改变依赖于反复加深的体验流程。情商研究协会第 16 条实践训练中清楚地写道："依赖体验式方法：积极具体的体验式方法往往对掌握社交和情感能力最为有效。设计能够激起强烈而有力的感觉的活动，尤为有效。"
- 循序渐进。成功引导变革性的情商发展，需要调整节奏。如果参与者期望提高情商能力，且没有任何相关经验，首先要进行简单的询问，随着理解的加深和信任的增强，循序渐进地提出难度较大的问题。如果参与者对此已具有丰富的经验，你应保持更高的辅导水平，激发并保持他们的兴趣。
- 坚持到底。只有神经元发生变化，个体才会发生持久的行为变化。积习消灭，新习惯才能形成。这种变化是可能实现的，但并非一蹴而就。它需要反复的实践和巩固。
- 评价你的工作。与参与者初次接触时，首先提问："你如何知道已经实现了你的目标？""会发生什么特殊的变化？"注意有可能实现预期研究结果的情境。从中获得的有力数据越多，培养的情商越可靠、可信。

改　　变

构建情商能力的核心是促进变化的发生。如上文所述，坚持到底是实现积极有效的变化的关键。情商研究协会列出了一些核心训练活动，包括：

- 构建支持能力，如组建支持团队等。
- 在公司中培养情商能力，并在培养情商能力时，以广为人知的最突出的代表人物为例，加以说明。
- 鼓励在工作中运用情商能力和情商语言。

- 创建学习型公司文化。尽可能争取到合作公司对你的支持，寻找高层领导作为行为榜样。毕竟，有意追随是现代人的基本学习策略。

如果你正在运用一种测评方法，你或许能够运用该种方法评价你的结果。例如，运用 EQ-i 或运用前期或后期测试的其他测评方法。

训练活动的使用

训练活动适用于常设团队、团体或个体等不同对象。“使用方法”针对团队而设计，但多数活动能够轻而易举地运用于个体对象/团队。必要时，本书会进行补充说明，这有助于使用者调整方案以适应不同的对象。你还可以给你的团队提供特殊的动态方案，但此举必须谨慎而行，并且可以掌控。例如，如果你给团队进行一个系列辅导，你必须了解之前讨论过的所有问题，以应对成员间不同的能力水平或认同度。这种情况很复杂、很棘手。此外，处理保密事件更为重要。如果你的团队成员并非同事关系，你必须事先处理一些需要确定的问题，这样他们才会不同程度地乐于参与其中。同时，这样做可以营造安全氛围，让他们毫无戒备地敞开心扉，倾诉真情。

每套训练活动均包含三项内容：目标、简要说明和成效。

- “目标”回答人们完成这套训练活动要达到的目的；
- “简要说明”揭示参与者如何使用指导性材料，并形成学习体验；
- “成效”解释训练活动可以达到的效果，即达到的预期结果。

“使用说明”部分编排在分发材料之前，它通常可以帮助你熟悉材料，然后理解“使用说明”的具体细节。

EXERCISE 1.1

训练活动 1　自我肯定

训练活动 1.1　善待自己

目标

理解善待自己的巨大作用。

简要说明

60 分钟。

参与者讨论善待自己而非仓促做出个人判断的意义。通过本训练活动，参与者思考自身行为并与他人讨论以支持自己的观点，从而采取行动实现积极变化。

成效

- 参与者体会到善待自己的神奇力量。
- 参与者更加善待他人。

适用对象

- 常设团队。
- 独立团队。
- 一对一辅导。

导师能力 ◐

中级。

材料

- “善待自己”的材料。

预计时间

活动内容	预计所需时间
讨论善待自己的作用和存在的问题	10 分钟
分发材料并要求参与者填写	15 分钟
两人一组，讨论各自填写的答案	20 分钟
集体讨论行动步骤等内容	15 分钟
共计	60 分钟

使用说明

1. 讨论善待自己的主要方面，包括以下内容。

提问：你对待自己是否像对待你关心的人那样友善？

善待自己可以产生巨大作用，包括努力瘦身、尽可能地减轻抑郁和焦虑。当然，积极地进行自我谈话等方式的自我互动有利于实现快乐和乐观等情商能力。感到灰心丧气时，你展开哪种自我谈话？生气时呢？获得成功，春风得意时，你会给自己传递什么信息？有时候，自我肯定面临的巨大问题就是，一切顺利时，我们忘记对自己进行积极的肯定，忘记对自己做出鼓励的评价。然而，重要的内心声音几乎是无意识产生的。

2007 年，内夫、卢德和柯克帕特里克展开了一项课题研究，题目为“自我同情与积极心理作用和性格特征的关系研究”。该研究探索自我同情与积极的心理状态以及五因素人格模式之间的关系。自我同情包括：在痛苦或失败的情境中善待自己；将自己的人生经历视为人类更伟大的经历的一部分；均衡地看待痛苦的想法和感受。该研究发现自我同情能够极大地促进快乐、乐观、积极影响、智慧、主动性、好奇和探究、适应性、外向和责任心等自我心理调节；能够极大地抑制消极影响和神经衰弱；能够预测性格特征形成之外的各种积极心理状态。

提问：实现自我同情有哪些阻碍？留给参与者充足的时间进行思考。恐惧便是其中的一个阻碍。许多人认为善待自己会陷入自我放纵，丧失动力。事实恰恰相反。你对此有何看法？你是否不敢善待自己？长久以来，你是不是已经养成了自我批评的习惯？如果你改变自我谈话，强调自我同情，会发生什么样的变化？

2. 分发“善待自己”的材料，要求参与者在 15 分钟内反思，他们对自己到底怀有多大程度的同情。

3. 两人一组，分享各自的答案和期望发生的变化。

4. 集体讨论。强调，承诺实施具体动作并制定时间安排以实现持续性变化，这一点至关重要。提醒参与者，他们可以定期告诉别人自己取得的成绩和面临的挑战。通常，他们要制定时间表完成此项活动。因此，展开一场更富自我同情心的谈话，讨论自己的进步能够帮助你切实采取积极行动。

“善待自己”的材料

思考，最近一次你什么时候善待自己。记录，发生了什么？你展开哪种自我谈话？你为什么那么友善？如若对待自己刻薄无情，后果和自我概念会有什么不同？

思考，最近一次你什么时候对自己刻薄无情。记录，发生了什么？你给自己传达了什么信息？你为什么如此刻薄相待？如果善待自己，后果和自我概念会有什么不同？

EXERCISE 1.2

训练活动 1.2　认识自我

目标

拓展构建自我肯定的认知过程。

简要说明

45 ~ 120 分钟。

导师让参与者置身安静的环境中自我反思，并回答一系列问题，然后讨论学习收获，从而创造反思体验。若想使团队成员有成效地分享信息，在进行此项训练活动前，成员之间必须构建较高的信任感。

成效

勾画作用强大的地图，激发自我探究过程，久而久之构建更健康积极的自我肯定。

适用对象

- 常设团队。
- 一对一辅导。

导师能力 ◑ ●

中级和高级。

材料

- “认识自我”的材料。
- 笔和纸。

预计时间

活动内容	预计所需时间
自我肯定的背景简介	5 ~ 10 分钟
自我探索，回答问题	30 ~ 60 分钟
团队汇报总结	10 分钟/成员
共计	45 ~ 120 分钟

使用说明

1. 用简练的语言解释“自我肯定”。讨论此训练活动的目的，即通过为参与者的人生增加某些意义，构建并培养自我肯定意识。

2. 大声朗读（如一对一辅导材料，参与者可自己朗读）：

“在自我反思的安静空间，接触生活中想要得到的事物。它可能是意味深长、值得关注、至关重要的某些事物，不一定是一个物体。人类往往用物体来象征或替代无形的价值。例如，有的人会说，‘我想得到一艘新滑水艇’，而实际上他想享受拥有地位、成功的感觉，以及与拥有新滑水艇的人成为朋友的威风。仅仅获得滑水艇也许并不能带来他所期望的感受。

“本套训练活动中，你应确定目标。通过实现这些目标，你将在生活（工作、家庭、个人等）某些方面感到更和谐，更受到尊重。充分实现这个目标，此过程需要投入训练活动所需时间之外的更长时间。其间，你会体验新的行为、新的态度和新的期望值。这套训练活动强调清晰地界定哪些新情况需要发展成为什么状态，你将如何识别这些新情况，你将如何激励自己不断努力最终接纳这些新情况。”

3. 分发材料、笔和纸。指导参与者进行 30 分钟的自我反思，考虑列表中的问题，然后写出答案。特别强调这是个人训练活动，问题的答案因人而异。鼓励参与者坦然面对自我。

4. 组织团队汇报总结，鼓励参与者在实际中继续体验这个训练活动中的学习。

提示：不得要求参与者在团队中公开分享个人事务，除非团队成员高度团结，且已建立了信任感。你还可以提出下列问题：这是不是一项有趣的训练活动？为什么？它有什么意义？它让你产生了什么问题或顿悟？

“认识自我”的材料

认真回答下列问题。必要时，可附页。内容绝密，仅限答题者。

1. 人生中，我想实现什么目标？一旦实现，它是否会让我对自己非常满意？
2. 为实现这个目标，我必须如何改变对自己和生活的认识？
3. 为实现这个目标，我必须改变对人生和自己的哪些感受？
4. 我应该如何改变自己的行为？
5. 什么因素阻止我无法按照上述要求去思考、感觉、行动？

EXERCISE 1.3

训练活动 1.3　主动和解

目标

让参与者体验和解流程，增强自我肯定。

简要说明

35 分钟以上。具体时间以参与人数，以及每期辅导间隔中参与者的工作时间而定。

参与者重温两个情境：伤害了他人的情感或损害了他人的利益；自己受到了伤害。努力寻求解决上述两个情境的最佳方法。此方法同样适用于一对一辅导。

成效

主动和解，提高自我肯定感。

适用对象

- 常设团队。
- 独立团队。
- 一对一辅导。

导师能力

高级。

材料

- “主动和解”的材料。
- 笔和纸。

预计时间

活动内容	预计所需时间
导师解释“和解流程”	20 分钟
参与者独自完成步骤 1 和步骤 2	独立开展
参与者分享体验	15 分钟/人
共计	35 分钟以上，另加个体分享时间

使用说明

1. 提供笔和纸。

2. 分发材料。告知参与者这是一项“原谅”与“和解”的训练活动。训练活动难易程度因人而异，但表达歉意和修复关系是常见且共有的人类行为。既然他们需要选择要处理的事件，或者这个步骤只是一种假设，总的来说，他们应该能够很好地应对这种紧张局面。建议参与者保持乐观。提醒他们，一旦对情况有了新的认识，他们很容易做出改变。

3. 要求参与者举出，人生中他们曾伤害或冒犯过对方，因而希望修复关系的三段经历，并按照实现和解的难易程度进行排序。

4. 要求参与者阅读材料的步骤 1，然后从难度最低的事件开始，要求他们写下最想对寻求谅解的人说的话，并写下现实中期待得到的回应。

5. 解释，这个训练活动让参与者深入思考与对方的情感交流及原因，而对方仍可能感到这种伤害无法弥补。的确，事已发生，无法改变，但事实所代表的意义能够改变。（要求参与者运用这种方法思考其他两个事件，若时间允许，随堂进行，反之，事后自行展开。）

6. 鼓励参与者按照上述步骤，完成这些对话。提醒他们，人们对自我的认知多数基于受到不公平待遇的经历，因此一旦情感能量得以释放，对方可能产生强烈的情感反应。

7. 现在，要求参与者阅读步骤 2，列举使其受伤的三件事，并以相似方法展开。

8. 5～10 分钟内，写出训练活动中的学习内容，再次鼓励参与者按照步骤完成这些对话。

9. 若时间允许，且你愿意的话，通过提问下列类似问题，要求参与者分享他们的想法：

- 请求原谅和给予谅解，哪个更难做到？

- 对他人观点产生兴趣对这项训练活动的顺利完成有多么重要？

“主动和解”的材料

人们会从和解流程中受益，因为“罪恶感”和“被拒绝”两种感受会影响人们的工作和生活。仔细观察，你就会发现这两者是同一个问题的两个方面。选择不原谅他人，就会在自己和他人之间设置无法逾越的障碍。无论你的拒绝看上去多么合情合理，你也会因为拒绝他们而心感愧疚，正如他们因伤害了你而感到内疚一样。当这类心理负担得到释放时，自我肯定能力必定会得到提高。

步骤 1

首先，寻求你曾伤害或冒犯过的人的谅解。显然，真心诚意地表达歉意至关重要，但这并非表示你要卑躬屈膝，请求原谅。重要的是，你应处于适度自我肯定的状态。这样，对方才会认为他是在和真心希望弥补两者关系的个体打交道。在与他人接触过程中，如果对方感到你伤害了他，揭露你的弱点（而非像经常表现的那样急于掩饰）是他的最佳防御方法。

告诉对方，事后你一直对此事进行反思，认为是时候努力解决此事了。告诉对方，你想表达诚挚的歉意，请求对方原谅你做过的（或者对方说你做过的）行为。有时，人们可能仍然难平心中的伤痛，仍持敌意和怨恨，以致要求你承认你从未做过的事情。这再也不是一个关于谁对谁错的争吵。真心诚意地、一字不落地说：“我从未做过那件事，但如果你认为那是事实的话，希望你给予更大的谅解。”

如果对方愿意接受，事态发展会轻松顺畅。如果对方拒绝接受，你就要表达对其态度的理解，希望能够做些什么促使双方关系重新开始。十有八九，对方会欣然接受。在此后的接触中，你将尽心尽力做到最佳。但此时，注意不要因为对方没有接受你的邀请而开始轻易做出判断并指责对方。他们同样也尽力了。否则，你刚刚营造的良好开端会因双方的行为而进一步延缓。

牢记，你的身份认同和自我认知，多数基于你受到的不公平待遇的经历，因此，随着这种能量模式的溶解、释放，双方均可能做出一些强烈的情感反应。

步骤 2

步骤 2 是原谅以某种方式伤害你的人。这有一些难度，因为如果你径直走到许久没有对话的人面前说：“我原谅你对我所做的恶事！”这更像一种新的指责，而非真诚的谅解。

事实上，如果像你请求他人谅解的那样做，事情会进展得更加顺畅。跟对方说，你一直在考虑结束这种状态的方式，你希望尽量使双方关系进入更佳的平衡状态。的确，事实无法改变，但它对彼此关系的影响肯定能够改变。

不管表达与否，对方最大的顾虑就是你是否仍责怪他们的所作所为。然而，如果你保持开放、客观的态度和姿态，彼此之间的障碍很容易排除。不管是坐着还是站着，双手放松，搭在胸前，目光柔和地看着对方，身体呈现出些许疲惫，表现出你已疲于接受这件事情。

这种公开的非言语暗示容易让对方与你进行深层次交流，轻松表达对此局面的感受。再次谈论这些事情有助于引导对方表达寻求原谅的意愿。

为营造轻松的交流氛围，你要向对方传递两个有力的信息：“我不喜欢我们之间的尴尬局面”和“要是这种局面一直存在，我们双方会失去一些宝贵的东西”。

如果对方愿意表达他的真实想法，并愿意进一步培养双方的关系，你就可以坦率地回答：“你伤害了我，但我一直在努力降低这种伤害，我不想像过去那样深受此事的困扰。”这样，你将真诚坦白地传达你的谅解。

书面完成每个对话的准备任务后，反思你的学习，你对自己、自己的优点和缺点有何认识。按照要求，坚持完成对话，看看每个人感觉有多好！

EXERCISE 1.4

训练活动 1.4　欣赏自我

目标

鼓励人们宽恕自己，并把注意力从人们未来需要完成的所有目标及后悔过去没有完成的目标上转移开。关注他们曾经取得的成就，不论大小。确定哪些成就他们没有充分地赞扬自己，哪些成就没有进行庆祝。

简要说明

25 ~ 45 分钟。

导师或教练提供人生中可能扮演的不同角色列表，要求参与者界定适合他们的方面，明确在哪些方面曾经做过哪些好事并庆祝过自己的成就。导师要帮助参与者发现他们的成功，并将之视为一种成就。

成效

- 较强的自我欣赏。
- 提高自我肯定。

适用对象

- 常设团队。
- 独立团队。

导师能力 ○

初级。

材料

- “欣赏自我”的材料。

- 背挠、口哨、玩具喇叭或制造声响的物体，以及容纳这些物体的袋子。
- 用来遮盖袋内物体的卫生纸。

预计时间

活动内容	预计所需时间
讨论自我肯定	5 ~ 10 分钟
选择适合自己的方面，列举取得的成就	5 ~ 10 分钟
结对讨论	10 ~ 15 分钟
汇报	5 ~ 10 分钟
共计	25 ~ 45 分钟

使用说明

1. 组织参与者围坐桌旁，每组人数相同。
2. 每张桌子中间有两个袋子：

- 装有背挠的袋子；
- 装有口哨、喇叭或制造声响的物体的袋子。

3. 发放“欣赏自我”的材料。

4. 讨论自我肯定。询问参与者是否发现自己更多地关注打算实现的目标，而忘记停下来和欣赏每天取得的微不足道的成功。

5. 要求参与者按照“欣赏自我”的材料列举的类比判断哪些条目适合自己，并提问：

- 你参与这些类型团队中的哪种团队？
- 你曾扮演过这些角色中的哪些角色？

6. 让他们选择三个方面，分别列举在每个方面取得的成功，可举例以下内容。

- 工作：个人、项目组或团队取得的成功；帮助另一位员工、帮助你的老板、帮助开发或指导一位员工、承担新的责任。
- 家庭：打扫房屋、做饭、维修、支付账单、装饰房间、保障家的安全。
- 健康：锻炼、注意饮食、做某种活动以减缓某种疾病或状况、睡觉、冥想。

7. 让参与者两人一组（必要时可以三人一组），分享自己的成就。聆听对方的成就时，个体应积极反馈，如“太棒了”和“太了不起了”，告诉他们无须分享过于私密的话题。

8. 重新集合整个团队，通过提问进行团队讨论。

- 有没有令人惊讶、惊喜的事情发生？
- 你是否认识到你曾忽视了自己取得的成就？

9. 让他们用几分钟称赞自己。

- 收回背挠，让他们自己用手挠自己的后背，也可以让他们拍打自己的后背。
- 收回口哨、喇叭或制造声响的物体，让他们自己称赞自己的成就。

10. 要求他们保留背挠和制造声响的物体，并用此提醒自己要不断地称赞自己。

"欣赏自我"的材料

- ☐ 团队
- ☐ 工作
- ☐ 家庭
- ☐ 健康
- ☐ 教堂
- ☐ 社团
- ☐ 家长
- ☐ 朋友
- ☐ 配偶
- ☐ 孩子
- ☐ 员工
- ☐ 老板
- ☐ 市民

列举排在前三位的方面或角色中你取得的成就。

1. ______________________________（选择方面）

2. ______________________________（选择方面）

3. ______________________________（选择方面）

EXERCISE 2.1

训练活动 2　自我实现

训练活动 2.1　充分利用你的时间

目标

开发对参与者意义重大的一个项目，促使其全神贯注、集中精力于此项目，最终实现丰厚的成果。

简要说明

70 ~ 90 分钟。

参与者关注现时自我实现能力的高低，关注期望自我实现能力达到何种程度。他们集中讨论让自己更富成就感需要什么。探索如何形成自己的“2% 解决方法”，实现更大的满足感。

成效

- 关注强调“体恤自己”的自我实现能力。
- 制订方案，针对他们期待发生、他们心中渴望实现的某个目标实施一个项目。精心设计方案，每天在此项目上投入 30 分钟。
- 项目过程中，坚持沉思式自我觉察。

适用对象

- 常设团队。
- 独立团队。
- 一对一辅导。

导师能力 ◑

中级。

材料

- “充分利用你的时间”的材料。
- “你的 2%解决方法”的材料。

预计时间

活动内容	预计所需时间
提问材料中的问题 1、2、3，两人一组或与教练一对一讨论问题 3	15 分钟
讨论“2%解决方法”和个人写作	35 分钟
汇报、上交	20 ~ 40 分钟（时间视团队规模而定）
共计	70 ~ 90 分钟

使用说明

1. 分发材料，要求参与者独自写出“充分利用你的时间”的材料的问题 1、2、3 的答案。

2. 两人一组或与教练一对一，讨论问题 3。

3. 讨论“你的 2%解决方法”的材料中的叙述部分，要求每个人反思，制定自己的 2%解决方法。时间为 30 分钟。

4. 就是否考虑制定 2%项目，每个人发表意见（若此活动为一对一辅导，与教练展开讨论）。鼓励大家致力于实施各自的项目，明确制定实施的具体时间和方式。

张力目标（可选项）

几周后再次访谈，要求每个人汇报项目的实施进展和遇到的问题。

“充分利用你的时间”的材料

1. 按照从 1 到 10 的分数（10 分最高），就你希望如何构建有意义的生活打分。写出你的分数，以及给出此分数的原因。

2. 假设六个月后，再次回答这个问题，你会给自己打多少分数。

3. 积极思考，如何界定有意义的生活。你的定义多大程度上与关爱他人有关？多大程度上与关爱自己有关？多大程度上与实现了令他人满意的外界目标有关？多大程度上是因为灵魂得到滋养而令你心情愉悦？简明扼要地写出答案，并与团队成员或教练展开讨论。

“你的 2%解决方法”的材料

“你的 2%解决方法”即指通过让自己集中时间从事内心或精神深处迫切希望去做的事情，而实现个人成功的策略。之所以称为 2%解决方法，因为它只需投入 2%的时间，即每天 30 分钟；它的作用巨大，可以让你充分利用时间。运用 2%解决方法，你能够腾出时间关注自己感受和产生此感受的原因。《2%的奇迹：每天半小时，解决你一生的难题》一书对实施 2%解决方法进行了详尽的说明。方法清晰明确，一旦应用可产生潜在的巨变。研究表明，为自己投入这短暂的集中精力的时间，对实现一生的成功起着极大的促进作用。毫无疑问，如果关注并不断充实自己的生活，你会有更大的能力帮助他人。这是实现人生的重要促进因素。

请按照下列步骤，实施自己的“2%解决方法”。

1. 腾出时间，认真考虑现在的生活。扪心自问，自己有什么事情真正想去做，但苦于没有足够的时间去做？制陶器？写诗歌？沉思？弹奏乐器或其他事情？关键在于，它必须是你真正想为自己做的事情。不论你多么愿意花更多时间给孩子读书，那也不是你自己的“2%解决方法”，这里强调的是为你自己做的事情。

2. 本训练将开启你的探索流程。你会发现你需要更多的时间，因此列出现时的可能性方案，并考虑选择其中一个作为潜在实施方案，以待深思熟虑后再做定夺。

3. 回答下列问题：

- 你的潜在 2%项目可能是____________________。

列出选项，写出这个项目对你的意义。例如，我将开始安静的沉思漫步，每天 20 分钟；随着对自己了解的不断深入，花 10 分钟梳理自己的思绪和反思。除非你完全肯定这个项目真正适合自己，否则考虑制订两三个可行方案。

- 选择一个可行方案，简单写出如何、什么时候实施你的“2%解决方法”。你需调整时间安排，有意识地构建时间表，真正花时间为自己做件事。
- 写出花时间为自己做件事的期待和担忧。

EXERCISE 2.2

训练活动 2.2　挖掘潜能的游戏

目标

协助参与者开展需要努力挖掘潜在能力的游戏。参与者必须表现出内驱力，确立具有竞争力的目标。游戏要求，参与者要运用自我实现的潜在技能，其中包括乐观、问题解决和自信。

简要说明

80 ~ 160 分钟。

导师引导团队完成寻物游戏。这种游戏要求集体行动及力争求胜的动力。物品很难找到，因此要求团队具备问题解决能力和团队合作精神。每个团队先后汇报并解释其运用的动机策略，以及确定目标、团队合作、集体解决问题的方法。团队将认知与常规的工作环境进行比较，确定共同提高动机和参与度的具体学习和策略。

成效

- 深刻认识到，团队应当如何应用内驱力、如何确定目标。
- 深刻理解，潜在的八种情商能力如何影响个体能力和业绩。
- 利用学到的提高动机的办法，激发他人的积极性及问题解决能力，从而将其情商能力综合运用到实际工作环境中。

适用对象

- 常设团队。
- 独立团队。

导师能力 ◐ ●

中级和高级。

材料

- “挖掘潜能的游戏”的材料，一人一份。
- 团队任务清单。
- 寻找的物品清单和游戏规则，提前做好准备（详见使用说明步骤 2）。
- 奖品。
- 活页挂图、钢笔和纸张。

预计时间

活动内容	预计所需时间
组织团队分成寻物小分队	10 ~ 15 分钟
游戏开始，找到所有物品便给予奖励	30 ~ 60 分钟
团队讨论材料内容	10 ~ 20 分钟
集体讨论，如何在工作中运用这种能力	20 ~ 45 分钟
确定现实中应采取的步骤	10 ~ 20 分钟
共计	80 ~ 160 分钟

使用说明

1. 如果你的对象是一个常设团队，并且你能预先与团队负责人接洽，确定如何分配团队以完成学习目标。你应提前分好团队，以实现学习目标。如果你根据一份情商测试或其他文件，如 EG（全脑思维和行为测评）、MBTI（职业性格测试）、FIRO-B（基本人际关系导向行为测试）等评估信息，构建异质团队，让成员体验成员之间多样的优势，或者组建同质团队，让其体验相似的优势和偏好。这使参与者得以目睹团队内部或团队之间的差别，构建在日常工作中高效合作的意愿。步骤 6 将重新讨论这个问题。

2. 游戏开始。构建最高奖励的期望值，以及形成做得更好的人将获得更好奖励的印象。发给团队游戏规则，规定集合时间、活动的范围、与特定团队及环境相关的其他要求、寻找的物品清单。你需要根据工作环境和团队类型创建清单和游戏规则。下面的例子仅供参考。

“挖掘潜能的游戏”可参照的寻找物品清单

- 雪球；
- 能装六个瓶装食品的手提纸箱（使用者有所创新，它可以是鲜花、棒球等）；
- 女鞋（并非团队成员的鞋子）；
- 代表彩虹七色的抽象拼贴画；
- 男士领带夹；
- 一盒薄荷糖；
- 植物；
- 来自异国的物品；
- 代表所在团队的象征性物品（并能够告知原因）；
- 其他物品（编辑你的清单，使其能够代表你所辅导的团队类型，以及代表在游戏规定时间、规定地点能够找到的物品类型）。

“挖掘潜能的游戏”规则范例

- 必需的团队行动；
- 必须在某个具体时间返回；
- 不能购买任何物品；
- 物品均不能由团队成员提供；
- 你可以去你想去的任何地方；
- 其他（同样，创建符合辅导团队现状的规则。一般而言，数条游戏规则即可）。

3. 全体成员返回后，热烈庆祝，颁发奖品。

4. 每位成员一份材料和一支钢笔。指导团队相互讨论，写出问题 1 ~ 10 的答案。

5. 接下来，各团队组建一支小团队，聆听每个人的发言，讨论答案中的相同之处和不同之处。运用针对小规模团队设计的材料所提供的相同系列问题，不过要在活页中记录重要观点。

6. 指导每个人利用 5 ~ 10 分钟独立回答材料的第 11 个问题。

7. 参与者承诺，将其在材料第 10 个问题中提出的行动方案付诸实践。

“挖掘潜能的游戏”的材料

寻物游戏团队首先回答第 1 ~ 10 个问题，然后在整个团队范围内进行讨论。

1. 在下面的比例尺上标出团队的胜利动力：

1　　2　　3　　4　　5

低　　　　　　　　　高

2. 在下面的比例尺上标出个体成员的成功动力（每个成员都会得到一个数字尺度）：

1　　2　　3　　4　　5

低　　　　　　　　　高

3. 展开讨论，并简要记录上述两个分数的理由。

4. 要求每个成员思考片刻。例如，每个人如何定义“成功”？这与你在工作场所中给出的答案相似吗？哪里相似？

5. 团队讨论，如何定义“成功”，并给出定义。这与你在工作场所中给出的答案相似吗？哪里相似？

6. 讨论这个游戏如何反映你的能力，激励大家确定并实现目标。

7. 你是否参与到游戏当中，并全力以赴寻找物品？

8. 自我实现以其他许多情感技能为基础。思考下列因素在这次训练活动中发挥了怎样的作用，与你的工作又是如何紧密相关的：

- 快乐；
- 乐观；
- 自我肯定；
- 独立；
- 问题解决；
- 社会责任；
- 坚定直率；
- 自我觉察。

9. 讨论，你的团队是如何展开合作的？你们是否具有不同或相似的解决问题的方法？你如何出色地利用团队的差异性和相似性？

10. 如果你的团队是一支常设团队，根据你在本次训练活动中的收获，制订你希望在工作中付诸实践的两种以上的行动方案。

11. 按照导师的要求，单独完成下列任务：

按照要求，利用 5 ~ 10 分钟，记录你在本次训练活动中获得的某种认知。你是否认为实现了生活中的成功目标？多数人说他们实现了一些目标，但并非全部。根据你在“寻物游戏”中的体验，你希望关注哪两种物品，从而达到你的成功标准？这是一个内容丰富的话题；你也许希望今后在私人时间里，继续探索这个问题，提高自我实现能力。

EXERCISE 2.3

训练活动 2.3　提高自我实现能力

目标

探索“自我实现”对个体的意义，并制订行动计划以提高自我实现能力。

简要说明

60 ~ 65 分钟。

个体和团队了解到“自我实现”的意义，及其对个人和职业的重要性，并制订一个行动方案。

成效

- 理解“自我实现”对人生的重要意义。
- 了解他人如何看待“自我实现”的意义（此成效仅限于团队对象）。
- 形成进一步提高“自我实现”能力的行动方案。

适用对象

- 常设团队。
- 独立团队。
- 一对一辅导。

导师能力 ◐ ●

中级和高级。

材料

- “提高自我实现能力”的材料。
- 笔和纸。

预计时间

活动内容	预计所需时间
个体分别回答准备好的问题	10 ~ 15 分钟
集体讨论	15 分钟
评价“自我实现”能力的重要性	10 分钟
制订个人的行动方案	15 分钟
集体反馈	10 分钟
共计	60 ~ 65 分钟

使用说明

1. 分发“提高自我实现能力”的材料及笔和纸。指导个体在 10 ~ 15 分钟内回答材料上的问题，引导他们探索促成“自我实现”的潜在问题。

2. 集体讨论（一对一辅导时，导师与个体参与者讨论）这些问题。引入与“自我实现”重要意义相关的事例。例如，斯坦和布克在《情商优势》中谈到，他们发现这种能力是实现事业成功的首要因素。

3. 要求整个团队，从个体和集体角度（一对一辅导时，单独进行），用 1 ~ 10 的数字，评价“自我实现”的重要性。每个人写出对应其评价的数字。团队提出团队的答案。集体讨论评价结果。

4. 要求参与者用 1 ~ 10 的数字评价“自我实现”在其生活中的重要意义。根据回答组织讨论。讨论中，参与者可以给出他们的数字并解释原因，或者给出更概括的表达，如“我给了一个低分，因为我要换工作，自我实现没有起作用”。提问，该数字是否反映了他们有意义且成功生活状况。如果如此，他们应当继续做什么？反之，他们应该做出何种改变？探究，他们是否认为该数字与其价值完美匹配，或暗示需要做出的改变。

5. 引导每个人利用 15 分钟的时间，概述实现持续性自我实现的个人行动方案。鼓励对此感兴趣的人，活动完成后，投入更多的时间制订全面的行动方案。

6. 集体思考，他们愿意从哪种途径获得这种认知。讨论通过哪些方法可以对他人提供帮助。

7. （可选项）要求常设团队制订提高集体自我实现力的集体方案。要求团队成员探索让集体具有特征的价值、策略、个人行为，最终明晰集体认同的特征。

“提高自我实现能力”的材料

尽可能详细地回答下列问题。

1. 列举你的五个核心价值，尽量按重要性排序，描述它们为什么对你很重要。

2. 你如何将核心价值付诸职业和个人生活中？工作如何让你感到你实现了你的价值？

3. 你对什么真正感兴趣？不论是在工作中、社团中，还是作为一项爱好，你如何体现你的兴趣？

4. 每周，你用多少时间做自己真正感兴趣的事？你得到的最大回报是什么？

5. 你重新发掘的重要技能是什么？

6. 你如何在家庭、工作场所、社团中充分施展这些技能？

7. 你如何出色地无条件接受自己和他人？

8. 列举表达敬畏或感激的情境。

9. 简要讨论你在人际关系中体验到的信任度和交往程度。

10. 你在何时、何地会感到富有创造力或别出心裁？

11. 你是否觉得生活的道路正在带领你实现你的潜能？

12. 思考还有哪些因素对你很重要。

EXERCISE 2.4

训练活动 2.4　运用灵感

目标

帮助参与者认识到“自我实现”往往是回答“我想成为什么样子、怎么样实现我想成为的样子、我想成为谁”的问题的过程，可比照“我想拥有、实现、得到什么”的问题解决流程。

简要说明

70 分钟。

参与者将形成其已界定有助他人成功的自我品质、状态和行为的流程。根据回答问题的反思日记方法，参与者重新获得他人最初给予其灵感的行为和态度。

成效

重新连接他人曾经给予你灵感的伟大感受，重新连接你仍愿意体验的感受或实现的目标。

适用对象

- 常设团队。
- 独立团队。
- 一对一辅导。

导师能力 ◐ ●

中级和高级。

材料

- “运用灵感”的材料。
- 笔和纸。

预计时间

活动内容	预计所需时间
列举对“目标”、“行为榜样”和“成功”等的认识和感受	20 分钟
写出实现目标时你的所见、所闻和所感	30 分钟
写出过去难以实现上述所见、所闻和所感的因素	10 分钟
关注“为什么如果更早地避免上述因素，一切本可顺畅无阻了”	10 分钟
共计	70 分钟

使用说明

1. 发放笔、纸和“运用灵感”的材料。
2. 要求参与者列举与材料第 1 题相关的感受和想法。
3. 回答第 2 题，要求参与者挖掘实现目标后的所见、所闻和所感。
4. 按照第 3 题的规定，参与者要讨论过去使其努力付诸东流的因素。
5. 第 4 题根据本训练活动的所得，以及分级目标、积极的自我对话、对同伴的责任感、探求过程和最终时刻恰当的庆祝等原则，讨论如何制订六周计划。

“运用灵感”的材料

1. 回想在你认识的人当中，哪些人在严峻挑战面前，努力战胜挑战，最终实现振奋人心的成功。注意，他们面临的挑战和你自己的境况有哪些相似之处。若要实现目标，你必须战胜什么困难？思考，哪些人哪里给你留下了深刻印象？为什么？你羡慕他们哪些重要品质和能力？重新体验阅读、听说他们的故事，或看到他人讲述他们的故事时你的感受。列举你的感受和想法。

2. 启示是指能够采取与他人相似的行为表现，并且相信他们也能像你一样获得成功，能够战胜生活中的挑战。第 1 条旨在帮助你重新联想到从过去学习中提取的“我能”激情的材料。现在设想，当赋予你你所崇拜的品质和能力时，你将有何感受？写出当你在这些领域实现更多的自我能力时，你的所见、所闻和所感。例如，“当我更坚信、更善于表达时，我会看到那些知道我生性害羞的人脸上呈现的惊讶表情。我将听到人们评价我发生了哪些改变。我将看到更多的人向我发出挑战，因为我要更频繁地表明立场。一开始我会感到很害怕，同时也会感到更自然，自尊心增强。这将是一种缓解。”

3. 现在注意到，过去什么因素阻止你无法表现这些品质和技能，并写下你的想法。这些表达限制在过去是如何为你提供建设性帮助的？例如，“像孩子一样表达我的观点通常意味着敌意和拒绝。今天继续遵守那些限制是否恰当？为什么？”

4. 运用本次训练活动中重新激发在意识深处的想法和感受，制订六周计划，更大程度地实现你想成为的那个样子。若在工作团队中，你有教练、督导或伙伴，和你共同完成训练活动，那么和他一起总结经验和教训并听取建议，确定每周至少会面一次，汇报并巩固已取得的进步。

EXERCISE 3.1

训练活动 3　自我觉察

训练活动 3.1　拓展对特别事物的认知

目标

有助提高个体对内在和外在情绪环境的认知程度，提高个体对情感信号的敏感度。

简要说明

40 分钟。

帮助参与者聚焦环境中的感觉信息，并从中筛查出能够控制情感觉察的重要感知信息，从而更深入细致地了解自身情感状态。

成效

- 提高对现时情感能量状态的觉察能力和敏感度。
- 学会运用自己的情绪觉察能力，舒缓压力，提高抗压能力。

适用对象

- 常设团队。
- 独立团队。
- 一对一辅导。

导师能力 ◑

中级。

材料

- "拓展对特别事物的认知"的材料。
- 笔和纸。

预计时间

活动内容	预计所需时间
活动介绍	5 分钟
两人一组，按照要求展开活动	25 分钟
集体讨论	10 分钟
共计	40 分钟

使用说明

1. 分发"拓展对特别事物的认知"的材料，指导参与者按自己意愿结对开展活动，建议他们最好与不太熟悉的队员结对。要求他们轮流给对方朗读活动说明，记录各自的体验。每人给定时间为 10 分钟左右。分发笔和纸记录笔记。

2. 开始之前，要求他们按材料第二段的说明进行活动练习。让他们用手掌托住下颌，同时用双手的食指挡住视野的中心。两人调整姿态直至感到舒适后，其中一方开始朗读。

3. 全体集合，汇报各自体验。

"拓展对特别事物的认知"的材料

第一步，准备好笔和纸以备朗读完活动说明后做一些简单的记录。

第二步，你可以通过将手肘放在身前的桌子上或膝盖上来练习阻挡视野中心。首先将双手手掌根部并拢成 V 形，然后把下颌置于 V 的底部，保持无名指竖直，并做微小调整使其分别覆盖住双眼瞳孔。先闭上一只眼，用另一只眼直视无名指指腹中央，然后换一只眼睛重复这个动作，以便让你的指尖正好处于视野中心，并离眼球约一厘米的距离。

练习完毕后，其中一方给对方朗读活动说明剩下的部分，要求语调温柔，声音甜美，宛若给小宝宝朗读睡前故事一样，让人心情轻松愉悦。

大声朗读活动指南

开始之前，首先将认知觉察转移到周边视野。人们大部分的非睡眠时间都关注于词语、面孔、汽车和视觉世界中的图像，只留有少量的时间来注意周边视野传达的大量信息。人们往往关注周围世界的赋名物体，目光从一个物体上快速转移到另一个物体上，通过意识认知将它们联系起来。知道它们是什么，叫什么，可能有何行动，这些都是维护个体安全的保障。关注世界是一个高度自觉的流程。由于人们从来没有正视周边世界，逐渐将周边视野纳入进来，提高觉察能力可以让人们更全面更深入地认识世界，目光从一棵棵树上拓展到整片森林。这种关注便是直觉的源泉。对于有些事，人们知其然，却“不知其所以然”，这就是所谓的直觉。

现在开始运用上文提到的技巧。首先将双手手掌根部并拢成 V 形，然后把下颌置于 V 形的底部，保持无名指竖直，并做微小调整使其分别覆盖住双眼瞳孔。眼睛不要动，将你的意识转向眉毛，然后往下转移到鼻子，现在慢慢转向右边，再慢慢转向左边，最后回到中心，随便看看四周。你可能注意到一些特别的事物，但是如果你真的按照要求去做的话，你可能不再想这么做。你也没有必要这么做。深深地长吸气，保持如此呼吸，出去闲逛一会儿。只需要体验无须试图“捕捉”什么，便可得到。

如果保持平常的坐姿你感到更舒服，你可以把手放在膝盖上。当你把注意力转移到耳朵时，保持视觉意识分散，关注你所听到的一切。注意环境中哪种声音最嘹亮、哪种声音稍微弱一些，直到你能凭借某种觉察力捕捉到最微弱的声音。

再享受一会儿这种聆听的感觉，然后将注意力转移到触觉。是什么东西给你的皮肤施加了最大的压力？地球重力通常给我们向下的压力，把我们推向地面。坐在椅子上，我们感到背部和双腿承受压力。保持站立，双脚会感到压力。你还感到有什么东西触摸你的皮肤？你有没有注意到风或空调带来的清凉？空气温度如何？比皮肤温度稍高一些还是稍低一些？

现在，闭上双眼，关注自己的心跳。此时，心脏跳动肯定比这项活动开始之初减慢一些。现在，注意自己的呼吸。你的呼吸很可能较之前变得缓和、深邃。深呼吸，让空气冲入你的肺部，保持呼气状态。再做一遍，保持双眼紧闭，继续放松地呼吸。

现在，花一些时间反思今天较早时候的表现。你有何感受？什么事情产生了那些感受？回想昨天、上周，你整体感觉如何？你注意到的重要事件是否导致你的情绪发生变化？

片刻过后，轻轻睁开双眼，简单记录你刚才的感受以及与这些感受相关的事件。通过填空总结刚才的体验："嗯，刚才我一直感到__________，因为______________。"

现在，该轮你给同伴朗读活动说明了。

双方都完成记录后，就各自的感受展开讨论，时间为 5 分钟。

EXERCISE 3.2

训练活动 3.2 认识情绪波动

目标

证明情绪如何快速发生改变；看似无关紧要的事物如何影响情绪。此训练活动提供平静心情、重建情感中心的技巧。

简要说明

25 ~ 40 分钟。

导师或教练将引入一种令人感到烦躁的刺激性影响力。这种影响力停止后，将提问参与者在关注“刺激干扰”期间情绪发生了何种变化。导师将带领团队进行平静的形象化过程。最后，要求团队思考整个体验过程，并联想如何在生活中管理情绪。导师需要平和地引导一种体育运动从而增强自我觉察。

成效

- 加深对情绪变幻莫测的特性的认识。
- 深入理解次要事件如何影响情绪。
- 深刻觉察改变的情绪如何影响人际交往。
- 掌握重建情感中心的技巧。

适用对象

- 常设团队。
- 独立团队。
- 一对一辅导。

导师能力 ◐ ●

中级和高级。

材料

- “认识情绪波动”的材料。
- 活页挂图和记号笔。
- 刺耳、令人烦躁的吵闹音乐。

预计时间

活动内容	预计所需时间
谈论兴趣主题	5 ~ 10 分钟
运用材料，团队讨论	5 ~ 10 分钟
“环环相扣”活动	5 分钟
参与者在材料上记录体验	5 ~ 10 分钟
评价材料上的拓展训练活动	5 分钟
共计	25 ~ 40 分钟

使用说明

1. 与参与者讨论情商（或选择的其他话题）。

2. 几分钟后，打开吵闹的音乐。使音乐的音量足以让每个人听见，但不会过大。你（导师）就像没有播放音乐一样，保持原态。你不必根据音乐做出任何反应。

- 如果有人要求你停止播放音乐，平和地告诉他，音乐一会儿就会停止。
- 如果有人让你把音乐的音量调低，假装照办，但实际上并没改变音量。

3. 在对情商讨论的总结中，问参与者“认识情绪波动”的材料上的 10 个问题。此时，切勿发放材料。

4. 组织团队做“环环相扣”活动，旨在增强自我觉察，缓解紧张情绪。此项活动有助于重新构建情感中心，当个体感到气愤、困惑或难过等情绪时颇为有效。

“环环相扣”这个动作连接着体内的电路，集中于注意力和紊乱能量。随着大脑和身体的放松，能量通过原处紧张状态而阻塞的区域得以循环。

要点一：坐在椅子上，左脚搭在右脚上。伸展双臂，左手腕与右手腕交叉。然后，交叉手指，双手向体内翻转。现在可以闭上双眼，深呼吸，放松一分钟。可选项：吸气时，舌头平顶上牙膛，呼气时，舌头放松。

要点二：准备就绪后，双腿平放。十指指尖相互接触，继续深呼吸，保持一分钟。

5. 发放材料，和团队一起评价材料最后的拓展训练活动。参与者承诺：严格按照这种方式进行并记录情绪波动，直到它成为自然的习惯，发现自己能够自然而然地检查自己的情绪。

“认识情绪波动”的材料

1. 最初构建关系时，你有什么感受？
2. 此刻你有什么感受？
3. 为什么有不同的感受？
4. 对音乐，你的情绪会有什么反应？它是否影响你的态度？
5. 这种变化是瞬间形成，还是需要几分钟的构建过程？
6. 音乐让你在与他人的积极互动中更开放，还是更保守？
7. 播放音乐时，你对导师或教练有什么感受？
8. 列举音乐对你的情绪和态度产生影响的所有方式。
9. 音乐关闭时，你有什么感觉？
10. 音乐关闭时，播放时产生的消极情绪是否会随即消失了？
11. 思考人生中的一种情境：你感到很好（或很糟糕），某件事或新信息突然让你的情绪发生巨大的变化。发生了什么变化？它对你与他人的人际交往程度产生了什么影响？

拓展训练

平时完成这项训练活动。

在特定的时刻，停下来，检查你的“情绪波动”，记录实时发生的事情。

- 确定白天和晚上进行“情绪波动”检查的具体时间；

- 在笔记本、电子记事簿或约会本中定期记录你对下列问题的反应：
  - 你现在感觉怎么样？
  - 你是什么时候开始有这种感觉的？
  - 你为什么有这种感觉？原因是什么？

EXERCISE 3.3

训练活动 3.3　认识不良情绪

目标

分析引起不当行为的情绪。

简要说明

35 ~ 50 分钟。

团队（或个体）界定他们对自己行为方式感到懊悔的情境。确定不当行为，并回想在产生此种行为的一刻经历了什么心理变化。

成效

- 进一步掌控情绪的瞬息变化。
- 了解情绪驱动行为的过程。
- 识别情绪变化的暗示。

适用对象

- 常设团队。
- 独立团队。
- 一对一辅导。

导师能力 ○ ◑

初级和中级。

材料

- “认识不良情绪”的材料。

- 活页挂图和记号笔。
- 钢笔。

预计时间

活动内容	预计所需时间
界定情境、感受和反应	15 分钟
讨论身体反应	15 分钟
团队汇报讨论	5 ~ 20 分钟
共计	35 ~ 50 分钟

使用说明

1. 向参与者分发材料和钢笔。

2. 要求团队（或个体）回想一个重要情境（尽可能距离现在的时间很近）：他们对自己的行为方式感到懊悔。然后要求他们简要描述他们尤其对哪方面感到懊悔。

3. 要求他们在第 2 和第 3 条中写出在上述情境中的感受，如恐惧、焦急、防御、快乐、尴尬及产生此种感受的原因。例如，他们在公众面前受辱。在材料第 2 和第 3 条中完成："我感到________________，因为________。"

例如，"我感到很蠢，因为我提问的时候没有人主动回答。"

4. 第 4 和第 5 条中，让参与者写出他们是如何应对那些感受的。

5. 按照第 6 条，要求参与者写出，如果一切进展顺利，他们会有什么感受。

6. 让参与者回想，并尽力推断周围人此刻的感受。其他人是否知道他们的感受？参与者依靠什么做出定论？通过反思，他们是否认为自己对此情境做出了正确的评价？

7. 要求他们尽量客观地评价自己的决策，在活页挂图中记录他们的想法。他们是否觉得仿佛处于压力下？他们能否更好地控制冲动以助于情绪的自我觉察？怎么做？

8. 团队汇报总结。要求参与者讨论他们通常最关注什么，而不是身体感官的暗示，将答案写在活页挂图上。例如，工作中的多数时间，人们关注智力的、象征性的、口头的问题。增强对身体内部状态的敏感度要求人们"转换头脑”、放慢速度、有意识地关注潜意识加工的感受输入。提问是否有人愿意和团队分享他们的顿悟，切勿强迫个体完成此项任务。

“认识不良情绪”的材料

1. 最近，你是否懊悔，自己在某种情境中本不该那么表现或反应，并进行情境描述。

2. 上述情境中，你有什么感受？

□ 恐惧的

□ 自卫的

□ 焦虑的

□ 快乐的

□ 以积极的方式感到尴尬，例如，某人称赞你，对此你很高兴，觉得恰如其分，当之无愧

□ 以消极的方式感到尴尬，例如，你在公众面前受辱

□ 其他

3. 为什么有此感受？

4. 你对第 2 条中列举的感受如何反应？

□ 完全摆脱了这个情境

□ 留在这个情境中，但尽量引导人际交往朝不同的方向进行

□ 留在这个情境中，假装意见一致

□ 恶语伤人，身体冒犯

□ 诽谤他人

□ 尽量和他人坦诚交流

□ 其他

5. 当出现你提到的那种感受时，你的身体做出如何反应？

□ 双臂胸前合抱

□ 咬紧牙关

□ 出汗，包括嘴唇、眉毛、腋下、头皮、手掌心

□ 抽搐

□ 用脚敲地板

□ 用手指敲打

□ 胃痉挛

□ 其他

6. 如果你注意到了第 4 条中的反应或第 5 条中的身体暗示，未来你将采取什么不同的行为表现?

EXERCISE 3.4

训练活动 3.4　情绪的基本反应

目标

帮助参与者理解身体“接近”和“远离”的基本生理反应如何影响所有情绪。

简要说明

70 分钟。

参与者观察并发掘通常遇到的情感情境，注意各种情境之间的特点，描述它们之间的差别。

成效

通过挖掘指定的情境和感觉，参与者更加深刻地了解自己对想要接近的事件及想要远离的事件在情绪上做出何种反应。

适用对象

- 常设团队。
- 独立团队。
- 一对一辅导。

导师能力 ◐

中级。

材料

- “情绪的基本反应”的材料。
- 笔和纸。

预计时间

活动内容	预计所需时间
思考他们会自然而然地接近或远离哪些事件	10 分钟
列举每种情绪的具体事例	15 分钟
写出每种状态的差异	15 分钟
注意情绪和状态如何影响他们的选择	10 分钟
两人一组，分析他们如何真实交流列出的情绪	20 分钟
共计	70 分钟

使用说明

1. 提供笔和纸，分发材料。

2. 要求参与者思考，靠近和远离等基本动作在所有生命（包括植物）中是如何体现的。

3. 要求参与者在材料第 1 条中按类别列举其自然靠近和远离的事件类型和情境。

4. 要求参与者按照材料第 2 条要求，列举每种感受的一个具体事例。

5. 逐一回答过七种不同感受后，重新描述体验这些情绪时身体的感受。

6. 现在，要求参与者回忆第 3 条中列出的不同状态的特定事例，让他们写出此刻身体和情绪的变化。

7. 根据上述变化，填写第 4 条。

8. 让参与者两人一组，尽量真实地向对方表现所描述的情感态度。对方则观察并记录非言语信息内容。提醒大家，一定要注意音调、音量、姿势、肤色、目光交流等。让参与者讨论他们获得的信息。

“情绪的基本反应”的材料

培养自我觉察能力会提高个体对自己的现实感受、感受持续的时间及其形成原因、感受的强度等认知能力。本训练活动首先要求参与者思考人类及所有有生命的有机体，在其生存环境中对事件具有两种相同的基本反应：接近或靠近，逃避或远离。

1. 现在，思考你自然接近或远离哪类事件。每个类别列举三四件事例。

我接近的事件、情境和人群：

我逃避的事件、情境和人群：

2. 思考你产生下列感受的具体事例，并写出所有事例。可以从对你最具吸引力的事件开始。描述哪类情境、情况、他人的哪类行为表现促使你有以下感受。

紧张、有压力的：

兴奋、充满希望的：

失意、挫败的：

戏谑、闹着玩的：

担心、忧愁的：

如释重负的：

狂怒愤慨的：

现在，重新回顾每种分类，描述当你体验此种情绪时身体有何感受。哪些感到紧张？哪些感到发热？哪些感到发冷？哪些感到疼痛？哪些感到快乐？哪些感到虚弱？你还注意到身体的哪些其他反应？

3. 写出在下列情境中，情绪和身体有哪些不同的感受：嫉妒、工作面试、表达对死者的哀悼、成功地完成大项目。请充分回想具体情绪状态中的真实记忆，这将帮助你区分体验不同类型情感时的感受强度。

4. 思考你的感受及哪些情况下你有如此感受。现在运用下列模式分两类列举促使你接近一些事件和远离其他事件的原因：

我接近____________________，因为____________________。

我远离____________________，因为____________________。

接近	远离

5. 思考你如何与他人交流，你希望他人靠近还是远离你，这显然是一项至关重要的技能；它们是你发出的最重要的两个信息。因此，调取记忆中的特定情境作为参照，两人一组探索并描述你如何与他人交流你在下列情绪中的经历。

- 热情、兴奋：你迫切希望开始一个新项目，希望他们和你一同合作。
- 沮丧、挫败：你需要一些新的建议，但是他们安于现状。

EXERCISE 4.1

训练活动 4　情绪表达

训练活动 4.1　表达反对意见

目标

帮助个体探究如何拒绝非必须要求的方法。

简要说明

25 分钟。

此项训练帮助领导者和团队成员回答“你如何知道何时说‘不’”、“如何把握尺度”和“如何拒绝”等问题。

成效

- 进一步理解在有一定难度的情形下如何表达情绪。
- 讲述如何礼貌、有效地拒绝从情感上或理智上均不明智的要求。

适用对象

- 常设团队。
- 独立团队。
- 一对一辅导。

导师能力 ◑

中级。

材料

- “表达反对意见”的材料。

预计时间

活动内容	预计所需时间
策略描述	10 分钟
两人一组，每人应用一种策略	10 分钟
汇报	5 分钟
共计	25 分钟

使用说明

1. 分发“表达反对意见”的材料，并与参与者展开内容讨论。在职业生涯中，每个人都会有那么几次，被要求去做一些有人认为合理，有人认为不合理的事情。如果实际上这确实是一个合理要求，出现意见分歧可能存在信息不对称。然而，缺乏情绪的现实判断同样会形成复杂的情绪。例如，这可能因为个体不希望让老板不切实际的期望目标落空，也可能此人不愿面对老板不现实的预期要求。认真分析材料提供的有效、有礼貌的回绝方法。

2. 要求参与者两人一组，选择一种策略应用到现实生活中的一种情境，进行体验。首先，一方简单描述这种情境；其次，真实体验所选策略；再次，对方重复这个流程；最后，两人讨论可能发生什么情况。

3. 召集全体成员汇报各自体会和感悟。

“表达反对意见”的材料

下文讲述有效、有礼貌的回绝方法。选择一个对你现在或过去经历过的情境有帮助的方法。与同伴讨论这种方法对你有何帮助。

- 惊叹！“开口惊呼”通常是一个非常奏效的方法，可以有效地质疑某人非同寻常的要求。例如，“哇，好乐观啊”或者“哇啊！听起来很有想法啊”。这种表达传达出怀疑的态度，但紧随其后可以运用好奇语气，有礼貌地问道：“您能跟我说得具体一些吗？”如此一来，对方便可知道你从一开始便没有完全理解他的意思。
- 反馈式倾听！这可作为上述环节的第二步，也可作为单独一步实施。此方法简单有效。运用出色的反馈式倾听技巧，确保准确领会了对方的话。例如：“噢，如果我没理解错的话，你的意思是在只有铲土机作业的前提下，不用转移安置沼泽里的短吻鳄就排干沼泽，不会对整个工作产生影响。”这样表达不仅能明晰对方想表达的意思，而且能促成更好的现实判断。根据所强调的词语改变语调，运用多种不同的音调重音，可实现上述效果。

- 挑战设想。如果你听到类似的言论，“不，那不应该是个问题”或者“好吧，那个沼泽应该不会有短吻鳄了吧”，你可以礼貌地回答，“那么，你觉得我们不会再遇到问题了”？如果对方宽心地说：“对，不会再有问题了。”你可以带有迟疑语气地追问：“可是，如果出现了问题怎么办？”等待片刻。如果对方没有回答，你可稍微转换说法，提问：“我要说的是，如果出现问题，你认为我们会遇到什么问题？”这样就把问题具体化，激发对方的管理才能。此时并非双方的情绪对抗，而是让你和对方站在一条战壕里，因为你在问：“你认为我们会遇到什么问题？”此时，如果对方诚实坦率，他会开始探索一些更具体的问题。如果此人不够坦诚，他可能请你给出一些你能预见的问题。但是，不要上钩，否则你就会被认成啜泣者、否定者、悲观者，或者叛逆者。简单地回答：“对此我真的没有想法，你可能比我有更好的理解。”
- 滴水不漏，面面俱到。如果此人仍不愿意坦诚相待或面对现实，你可简而言之：“我想，我们只是在看待问题的方式上持有不同意见。我认为这种观点不太现实。我担心如果考虑不周的话，工作会遇到严重的问题。”此时，你的语调表达必须坚定果断，传达一个提醒式言论，而非情感警告，挑战对方权威。要是事实确如你所担心的那样，出现了提醒他注意的问题，你也尽力了。到时，你可以说：“哇，我曾担心会遇到类似的问题。”（而非“我之前告诉过你吧！”）

EXERCISE 4.2

训练活动 4.2　非言语形式表达

目标

练习如何进行更有效的非言语交流。

简要说明

20 分钟。

此项训练帮助参与者在不同情感场景，关注自己的非言语交流；告诉他们如何主动与他人交流，更有效地运用行为表达意思。

成效

- 提高参与者对自身非言语交流的觉察力。

适用对象

- 常设团队。
- 独立团队。
- 一对一辅导。

导师能力 ◯

初级。

材料

- “非言语形式表达”的材料。

预计时间

活动内容	预计所需时间
讨论非言语交流	10 分钟
展开训练活动、汇报	10 分钟
共计	20 分钟

使用说明

1. 讨论非言语交流的意义。例如，当你询问他人是否真的赞同这个方案时，对方耸耸肩；某人咯咯笑，听起来让人觉得他把自己看得太重要了。

2. 分发材料，要求大家各自展开活动，然后集体讨论各自的体验。

“非言语形式表达”的材料

在此训练中，你身临其境地让自己处于材料中描述的各类情形。注意身体语言：身体有何感受？它在说什么？它如何一言不发便能表达它说的内容？简单记录提醒自己。用一张纸遮住清单列表，逐一进行情境体验。

- 一分钟前，你最喜欢的足球队赢得超级杯比赛。
- 一分钟前，你最喜欢的足球队在超级杯中失利。
- 你的女儿刚刚宣布，她要结婚了，嫁给一个认识刚刚三个月的男人，你只见过他两次，不喜欢他，不信任他。
- 你的女儿最终宣布，她与相识十个月的未婚夫已确定了明年结婚的日子。你认为他和女儿很般配。
- 你惊讶地听到，团队副总宣布，他很兴奋地实施一项可节省成本的措施，本来这个措施是你研发出来的，他却把此功绩归功于另一位同事，而这位同事还欣然接受。
- 你需要一位与你曾经有过频繁业务往来的供货商提供一些产品信息。数天来，你打电话，发电子邮件，想尽所有方式联系对方，但是没有人给予回复。
- 你六岁的女儿整个周末都在废寝忘食地完成一个艺术作品，为的是给出差回来的爸爸一个惊喜。设想她已经大功告成，你不小心弄坏了她的作品，她哭着冲出了房间。

- 你和你的团队三周以来一直在攻克一个项目，每天工作 10 ~ 12 小时，有时周末也加班。在截止日期，周四早晨你按时完成任务。大家尽管身心疲惫，但倍感骄傲，精神放松。周五下午两点，老板把你叫到办公室，说参与者对此不满意，希望你重新修改。这意味着后三天你都要为此而努力。
- 老板换了新发型，变化很明显，头发短了很多，看上去很漂亮。大家都说她正努力把自己打扮得年轻一些。你走进休息间，和同事开玩笑说，她可能在努力减肥。话音刚落，老板走了进来，一字不落地听到了你的评论。

EXERCISE 4.3

训练活动 4.3　讲故事

目标

练习识别和讲述情感，聆听他人的情感述说。

简要说明

25 分钟。（若在团队或集体范围内实施，每个人再延长 3 分钟。）

参与者分别讲述关于所选题目的一个故事，包括描述讲述故事时他的感受。团队或集体讨论表达情绪的重要意义和存在的问题；讲故事的重要作用。

成效

- 提高表达情绪的舒适度。
- 激发表达情绪的主动性。
- 意识到讲故事的重要作用，探寻如何通过讲故事，重新点燃团队或集体的热情。

适用对象

- 常设团队。
- 独立团队。
- 一对一辅导。

导师能力 ○

初级。

材料

- 无

预计时间

活动内容	预计所需时间
预先选择题目	5 分钟
每人讲述一个故事	5 分钟/人
讨论	15 分钟
共计	25 分钟（团队或集体范围内，每人延长 3 分钟）

使用说明

1. 提前选择你要提问团队、集体或参与者讲述的故事题目。题目包括工作中现在实施的项目；工作中的重要事件或重要关系，如和导师合作的经历；个人经历过的一件有意义的事情；或其他适宜的题目。

2. 要求每个人利用几分钟构思所要讲述的一个故事，主题必须与你选定的题目有关。他们要站在集体、团队或教练面前讲述故事，时间为 3 分钟。讲述故事时，遵守下列基本规则：

- 队员讲述时，不许他人打断。这不是提问或纠正的时间，是讲述者讲述故事的时间。
- 此人必须描述他在故事发生时的感受以及产生此感受的原因，至少有两段描述。

3. 如果团队或集体规模庞大，或者有时间制约，要求他们三人或四人一组，讲述故事。

4. 组织大家讨论：听到别人的故事后，他们观察到什么，有什么感受。引导他们讨论：

- 他们讲述自己的故事或聆听他人的故事时，有什么感受。
- 表达自己情感的舒适度和聆听他人讨论情感的舒适度。
- 为激发更多的情绪表达，他们能够做什么，为什么希望这么做。
- 讲述完自己的故事、聆听过别人的故事后，他们是否觉得和他人（或与他们的团队、项目）的关系更紧密了。
- 询问他们还想评价或询问他人什么问题。

EXERCISE 4.4

训练活动 4.4　通过社交媒体表达情绪

目标

引导参与者探索运用社交媒体进行情绪交流的有效性。

简要说明

30 分钟。

参与者挖掘在社交媒体模式下如何表达情绪，讨论其利弊，然后致力于提高情绪交流效度。

成效

- 构建个体在社交媒体互动中交流情绪的认知方式。
- 探索做出何种改变将会产生重大意义。

适用对象

- 常设团队。
- 独立团队。
- 一对一辅导。

导师能力 ○

初级。

材料

- “通过社交媒体表达情绪”的材料。

- 笔。

预计时间

活动内容	预计所需时间
参与者填写表格	10 分钟
讨论其填写的内容	10 分钟
努力发掘提高策略	10 分钟
共计	30 分钟

使用说明

1. 给每个人分发材料和笔。要求所有参与者填写材料，做到：

- 列举其所运用的社交媒体模式清单。
- 写出在每种模式下他们如何表达情绪。
- 坦率地指出，这些情绪表达方法何时奏效，何时会遗漏重要信息或者让其陷入困境。

例如，你可以告诉参与者：

“设想，你要参加一个重要晚宴约会，你想与对方讨论一个重要话题（或者进行一个浪漫的约会）。你非常沮丧，因为为了完成老板交代的任务，你迟到了，你现在正冲出办公大楼，对方此时可能已经达到餐厅，而且……”

场景一：你发短信给对方：“迟到了，正狂奔而来，可能 45 分钟后达到。”

场景二：你打电话给对方，描述情绪语境，说：“苏西，非常抱歉，我迟到了。老板要求我提交一个项目报告。我刚刚出发，心里非常愧疚，非常希望现在能够见到你。我大概 45 分钟之后赶到。你时间是否允许？等我时，点杯饮料吧。”

现在哪种场景可能产生最佳效果？

2. 要求参与者反思他们的情绪表达是否奏效，他们希望做出何种改变。集合所有参与者，听取意见。根据团队规模，你可以询问每个人，让其发表意见，或者收集有代表性的反馈意见。激发参与者探究哪些方法奏效，哪些无效，哪些变化有效。非言语交流是人类交流的重要构成部分，而其通常被社交媒体互动所忽视。提问，什么时候打电话交流或亲自拜访，会比运用社交媒体更有效？

3. 要求每个人转向邻座的成员，讨论他可运用哪些方法改进交流的情绪内容。

“通过社交媒体表达情绪”的材料

我运用的社交媒体模式。

我这样表达情绪：

在__________情况下，这种方法奏效。

在__________情况下，这种方法无效。

评价

EXERCISE 5.1

训练活动5　坚定直率

训练活动5.1　培养适当的团队坚定直率能力

目标

帮助团队和个体运用适当的坚定直率。

简要说明

30分钟。

参与者将讨论多种有效情绪表达技能之间的联系是如何促进坚定直率能力的成功运用的。他们得以探索如何根据需求提高或降低自信，从而改进坚定直率能力。

成效

- 理解多种情绪有效表达能力对坚定直率能力产生的影响。
- 帮助团队成员和个体适时调整自信程度：自信膨胀，加以克制；缺乏自信，构建自信心。

适用对象

- 常设团队。
- 独立团队。
- 一对一辅导。

导师能力

高级。

材料

- “培养适当的团队坚定直率能力”的材料。

预计时间

活动内容	预计所需时间
讨论材料中的理念和训练活动	10 分钟
两人一组，展开其中一种训练	10 分钟
团队总结	10 分钟
共计	30 分钟

使用说明

1. 向参与者解释，坚定直率是人们掌握程度参差不齐的一种能力，有的人精通于此，有的人拙劣于此。团队中，坚定直率对团队表现产生巨大影响。它并非一种孤立的情绪有效表达能力。当然，所有 EQ-i 2.0 或者 TESI 能力也是如此。坚定直率需要灵活、冲动控制、独立、同理心、人际关系、自我肯定等能力综合运用才能发觉其最大潜力。活动伊始，首先要求参与者讨论几种情绪有效表达能力之间的联系，然后探究提高坚定直率能力的方法。

2. 分发材料，解释材料描述的理念。讨论在过于坚定直率和缺乏坚定直率等状态下如何调节坚定直率程度，要求参与者举例说明其如何经历上述两种坚定直率模式。讨论谁曾经运用过这些理念，这些理念对其有何帮助。

3. 两人一组，要求他们明确生活中哪些地方可以运用其中一种方法，并制订实施方案。

4. 团队集合，汇报总结。你可以遵循以下步骤：

- 提问，他们认为可以运用哪些实践方法，并举例说明。
- 提问，是否有人愿意帮助大家集思广益制订变革方案。
- 提问，个体对坚定直率程度的自我评价。提高或抑制坚定直率？还是具体情况具体分析，适时调节？
- 提问，根据公司文化，参与者需要如何调节坚定直率程度。

“培养适当的团队坚定直率能力”的材料

坚定直率与其他情商能力的联系

调节坚定直率，首先要考虑它与其他情商能力之间的关系，特别是：

- 自我肯定让个体相信自身价值，坚信自己要表达的内容至关重要。同样，它让个体有信心敢于表达自己的观点。
- 独立让个体在获得或缺乏他人言语支持的情况下，都能独立展开行动。
- 坚定直率促使个体相信别人知道自己喜欢什么，并且希望对方给予更多；相信别人知道自己不喜欢什么，并且希望对方避免或减少给予。
- 人际关系调节个体用来开发和保持社交关系的能量。它或多或少与个体性格有关。根据 MBTI 性格测试工具，人际关系能力与性格内向、外向有关，因此性格内向的团队成员往往反馈意见较多，发表评论的次数较少。结果，他们往往经过精心准备后方才发表评论。经过反复训练，这些人能够变得更有自信。因此，当团队中性格内向的成员在讨论中保持缄默时，团队领导和其他成员应想办法鼓励他们发表意见和评论。
- 压力冲动让个体抑制或延缓做出反应，降低反应强度。即使处于情感压力下，也是如此。
- 灵活能够让个体认识并调动全部有效选择，从而在选择最明显的行动过程时也不会感觉受到拘束。
- 同理心让个体能够感受到个体行动如何影响他人情感，并能与他人更有效地交流。我们是否在胁迫、打扰或鼓励他人呢？
- 社会责任能够让个体识别和支持他人的需求，并尽最大能力给予帮助。

“提高个体运用坚定直率的活动”

自信心高涨时

如果团队成员在坚定直率能力（或独立方面）方面分数很高，在同理心和冲动控制等能力方面分数非常低，提高较弱能力会帮助此人平衡坚定直率能力。提高社会责任和灵活能力同样能够抑制个体掌控讨论话语权的倾向。减缓一切行动是提高有效性的第一步。切记，良好的冲动控制能力可以延长刺激和反应之间的时间间隔。

坚定直率需要构建社会责任和灵活性等能力。在发表意见前，首先问自己这样两个问题：

- “话一出口，会对别人产生什么影响？”
- “要是这么回答，别人会有什么感受？”

坚定直率需要提高灵活性，做到：

- “要是不这么直截了当地回答，可不可以运用其他方式表达我的观点？”

坚定直率需要运用社会责任能力，你须考虑到：

- “这个行动会为大多数人带来最佳影响吗？”

自信心低落时

如果个体坚定直率能力的分数低于灵活和抗压等能力的分数，他需要提高独立和坚定直率等方面的行为表现以进行弥补，提高个体在团队决策制定流程的影响力。

提高自信，降低冲动，需要做到：

- 加快事情进度，减少深思熟虑时间。
- 相信自己的直觉，在对话中抢先发言。

提高自信，降低灵活，需要做到：

- 暂时忘记其他选择，陈述你目前考虑的想法。

其他提高坚定直率的小贴士

- 提高坚定直率的最佳途径：首先与大家分享你对一些无关紧要的事务的看法。例如，“临近傍晚的时候下雨了，我真高兴啊”，或者“我非常喜欢在意大利面条里放很多牛肉”，或者“电影里那些坏蛋被抓了现形，我高兴极了”。那又怎么样？没有人会和你争论；同样，当你说“我最讨厌冰激凌甜筒的奶油化了以后往外流”时也没有人和你理论。谁在乎？但是，对于你从来没有说出口，告诉别人自己的喜好厌恶，练习发表这类语气强烈的陈述非常奏效。
- 这种练习为个体发表以下言论做了铺垫：“我非常高兴接到你的电话，而不是发送电子邮件回复我的语音信息。”或者“我真的不愿意提醒你，周报上交时间截止到周四下午三点。”可以转换一种说法，促使对方换位思考：“我不得不一个劲儿地追着你要每周同一时间必须上交的报告，你觉得我当时会有什么样的感受？”

坚定直率和 TESI

团队情商和社交商调查（TESI）运用“团队比成员个体更重要”和“我们之间坦诚相待”等理念。这些理念可使团队避免因为不适当的坚定直率程度影响团队绩效，从而构建保护心态。它促使每位成员勇气十足、正直坦率，同时积极构建高效团队的归属感。

EXERCISE 5.2

训练活动 5.2 提高坚定直率能力

目标

帮助沉默寡言的人增强自信，促使他们跳出通常的舒适圈，拓展能力。

简要说明

40 ~ 110 分钟。

受训对象界定需要给予更高肯定的领域，然后从列表中选择一个特定情境。为锻炼这种技能，他们不断进行角色扮演直至他们感到信心十足为止。接下来，他们要在两个现实情境中表现得更加自信。团队成员确定因缺乏自信而影响团队效率的问题，并从中选出影响最大的两三个问题进行角色扮演，使自己表现得更自信。要求参与者将训练活动中学习到的能力运用到工作中。导师要帮助气势咄咄逼人的成员平静下来，这样他们才能怀着对他人的敬意，运用坚定直率能力，从而有效增强自信，尊重那些缺乏自信的成员。

成效

- 进一步确定参与者可以感到更有信心的领域。
- 克服影响坚定直率的障碍。
- 将学习运用到日常生活中。

适用对象

- 常设团队。
- 一对一辅导。

导师能力 ◑ ●

中级和高级。

材料

团队

- 实施训练活动之前，根据提供的模板创建角色扮演材料。
- 活页挂图、记号笔和胶带。

个体

- “提高坚定直率能力”的材料。

预计时间

活动内容	预计所需时间（个体）	预计所需时间（团队）
讨论坚定直率	10 ~ 15 分钟	10 ~ 15 分钟
选择领域，列举障碍，以及可能奏效的弥补方法	5 ~ 15 分钟	20 ~ 35 分钟
角色扮演	15 ~ 20 分钟	20 ~ 30 分钟
团队汇报讨论	10 ~ 15 分钟	15 ~ 30 分钟
共计	40 ~ 65 分钟	65 ~ 110 分钟

使用说明

个体

1. 引导参与者完成训练活动，帮助他界定需要有待改进的地方，讨论为什么一些行为毫无作用，在角色扮演环节进行纠正。

2. 讨论坚定直率理念，分析为什么缺乏坚定直率是工作中面临的一个问题。

3. 发给参与者一份“提高坚定直率能力”的材料，让其逐步完成训练活动。

4. 根据提出的问题，提供角色扮演情境。

5. 评价材料最后布置的任务。

6. 确定再次见面的时间，分享这项任务完成的过程。提问：

- 你选择了哪种现实情境？

- 你能否更加坚定直率？
- 完成这个任务时，你的平和度如何？
- 你取得了什么结果？
- 将来，你是否还会这么做？

团体

1. 训练活动前，确定团队中哪些人被认为坚定直率。你希望他们是坚定直率的人，而不是气势咄咄逼人的人。要求他们配合你完成这个训练活动，分享他们的愿景、技能和策略。

2. 讨论坚定直率理念，以及为什么缺乏坚定直率是工作中面临的一个问题。

3. 要求参与者确定影响团队有效性的问题，并在活页上写出他们所说的内容。

4. 提问，步骤 3 中列出哪个问题可能因为缺乏坚定直率而受到影响，并在另一页活页上记录大家的反应。通过下文列举的问题，激发参与者思考缺乏坚定直率产生的问题。

- 一位外科医生给病人做手术，却没有找对开刀的部位，原因是没有人提出手术前他们注意到的手术过程与文字材料是有差异的。
- 一家公司因为有人注意到账务谬误但没有说出来，间接导致公司破产。

5. 讨论，如果成员更坚定直率，会产生什么积极的影响。能否避免问题的发生或尽快解决问题？士气是否因为成员自感对公司的重要性增强，而得以提高？

6. 在活页上列举影响坚定直率的障碍。什么因素使人们不那么坚定直率？为什么胆怯？是否缺少有效表达思想或感受的技巧？他们是否担心有什么不良反响？

7. 确定战胜障碍的方法。是否需要提高交际技巧？是否需要在安全的环境中构建信心或锻炼得更坚定直率？

8. 要求参与者轮流进行角色扮演，表现更坚定直率的行为。两人一组，分发角色扮演材料。

9. 与整个团队讨论，在角色扮演过程中每个人的感受是什么。

10. 布置以下任务：接下来的两周，在两种实际工作情境中，表现得更加坚定直率。

11.（可选项）完成上述任务后，确定时间与同伴或教练回顾自己完成这项任务的经过。

“角色扮演”模板

使用说明：导师

根据团队的反馈信息，选择与“团队使用说明”步骤 3 列举的问题相似的一个问题，设计角色扮演游戏。如果你已熟悉这个团队存在的问题，可以自行选择。否则，你需进行事先调查，找到一个合适的问题并创造问题情境。该情境必须包括下列因素：

- 甲发现问题，并引起处于更高权力地位的乙对此问题的关注。
- 乙最初不愿意聆听这个问题。
- 甲坚持尽早陈述这个问题。

下文便是重新设计的模式，由参与者添加具体信息。

甲：汉特

乙：乔丹

汉特发现____________（问题领域）____________存在问题，并决定引起乔丹____________（上级）____________的注意。

汉特：乔丹，我想占用您几分钟谈点儿事。

乔丹（有点儿意外）：什么事？我确实没有多少时间。

汉特：我不会占用您很长时间。

乔丹：好吧。你说吧。

汉特：我发现____________（描述问题）____________。

乔丹表现得不太热情，似乎对听到的内容不感兴趣。

汉特必须向乔丹说明，现在讨论这个问题，比等到问题更难解决的时候再说要强得多。他应当让乔丹知道，他担心的问题能够帮助公司尽可能地提高效率。

“提高坚定直率能力”的材料

1. 列举个人生活或职业生涯中，缺乏坚定直率的具体情境。想想你后悔没有大声表达你的想法的时刻，可能有帮助。

2. 为什么当时你缺乏坚定直率？什么原因让你不坚定直率？你为什么退缩不前？

3. 坚定直率的障碍是什么？你缺乏有效表达感受或思想的技巧吗？你是否害怕因此而产生的反响？你是否习惯了像孩子那样谦逊害羞？

4. 如何克服这些障碍？你需要提高交际能力吗？需要在安全的情境中构建自信、锻炼坚定直率能力吗？

5. 在哪些情境中你愿意表现得更坚定直率？

任务

接下来的两周，在两个现实情境中，表现得比过去更坚定直率。

EXERCISE 5.3

训练活动 5.3　改变争强好胜的性格

目标

帮助咄咄逼人的人改变争强好胜的性格，转而变得坚定自信。这要求他们控制攻击性行为，缩减正常的舒适圈。

简要说明

50 ~ 80 分钟和后续任务。

一对一辅导的教练将确定参与者需要增强自信而非争强好胜的领域。选择一个特定的情境，锻炼改变争强好胜的性格。为此，他们进行角色扮演直到参与者变得更加坚定直率。接下来，参与者将在两个现实情境中进行锻炼以表现得更坚定直率，而非气势逼人，争强好胜，并与教练进行讨论。

成效

- 认识到坚定直率而非争强好胜的重要性。
- 认识到攻击性行为的强度，改变争强好胜的性格，从而表现恰当的坚定直率行为。

适用对象

一对一辅导。

导师能力 ●

高级。

材料

- “改变争强好胜的性格”的材料。

● 笔和纸。

预计时间

活动内容	预计所需时间
讨论坚定直率	10 ~ 15 分钟
选择区域，列举障碍和可能有效的弥补措施	15 ~ 30 分钟
角色扮演	15 ~ 20 分钟
团队汇报	10 ~ 15 分钟
共计	50 ~ 80 分钟

使用说明

1. 讨论坚定直率理念。集中注意力分析这样的情境：参与者表现过于积极，希望适当改变其争强好胜的性格，调整到适当的坚定直率程度。

2. 发给参与者“改变争强好胜的性格”的材料，逐步实施。

3. 在你的帮助下，重新上演第 1 条中列举的情境，角色扮演表现得坚定直率，而非咄咄逼人、争强好胜。

4. 调整坚定直率和咄咄逼人之间的临界点，帮助参与者调整这两种状态，直到他们能够表现得坚定直率。帮助参与者认识到，运用坚定直率行为而非攻击性行为时，他将得到不同的反应，完成两种状态的调整。

5. 讨论角色扮演中参与者的感受，以及为了实现这种转变，他们不得不改变哪些行为。

6. 布置任务。未来两周内，参与者必须承诺表现得更加坚定直率，而非咄咄逼人、争强好胜。在两种现实情境中锻炼这种新的技能。

7. 确定下次见面时间，讨论这个任务的完成效果。

“改变争强好胜的性格”的材料

1. 在个人生活或职业生涯中，哪些特殊情境中，你表现得咄咄逼人？回想人们显然被你的表现所震惊，或者你后悔表现得过于强硬等时刻，这可能有帮助。

2. 当你表现得咄咄逼人时，你会有哪些表现？是否提高声调、是否用居高临下的口气或有看似生气和敌对的神情？

3. 如何解释自己争强好胜的行为？是因为生气，还是希望不惜一切代价取得胜利？

4. 解释哪些因素阻止你坚定直率。例如，缺少有效表达自己想法或感受的技能？害怕自己看似懦弱无能？

5. 描述如何克服这些障碍。你是否需要提高交流技能，让自己平静下来，或者锻炼在安全的环境中更加坚定直率，而不是那么咄咄逼人？

EXERCISE 5.4

训练活动 5.4　让别人理解你

目标

运用不同的方法交流不同的意见，让他人明白你想要什么、不想要什么，为什么如此。

简要说明

35 ~ 40 分钟。

两人一组，用不同风格进行交流分歧意见的训练活动。然后，分析哪些策略有效及为什么有效。在一对一辅导中，教练充当训练活动中的另一方。

成效

- 学会坚定直率的有效方法。
- 持有不同意见，但尊重对方的观点。

适用对象

- 常设团队。
- 独立团队。
- 一对一辅导。

导师能力 ○

初级。

材料

- "让别人理解你"的材料。

- 笔和纸。

预计时间

活动内容	预计所需时间
两人一组，锻炼用不同的方式表达异议，思考不同之处	15 分钟
集体讨论学习并运用到现实情境中	10 ~ 15 分钟
分别写出需要坚定直率的一些挑战，运用学习技能	10 分钟
共计	35 ~ 40 分钟

使用说明

1. 分发“让别人理解你”的材料，讨论“两人一组”的说明。

2. 要求团队成员两人一组，完成材料中“两人一组”部分的任务。告诉大家，他们要在 15 分钟内完成角色扮演游戏及讨论。强调他们必须认真遵守范例中给出的表达模式。

3. 15 分钟后，召集整个团队，讨论“让别人理解你”的材料中“集体讨论”部分的问题。

4. 10 ~ 15 分钟后，总结集体讨论，要求参与者每人完成“个体活动”中的任务。

“让别人理解你”的材料

两人一组

训练活动 1

两人一组，与对方进行直接的目光交流。甲说话时，乙要认真聆听，然后互换角色。在每个情境中，说话的一方应当讲述他对一个问题的观点，而且要以无比肯定的语气进行阐述。例如：“提到减少加班，工会一定会勃然大怒！”注意如何运用身体语言传达这个意思。如果肢体语言与表达内容一致，你的肌肉应略显紧张，姿势生硬呆板，手势更明显。

甲发言后，乙双臂合拢胸前，运用同样强烈的对抗式口吻进行回答，说：“不，我不同意你的观点；我不这么看待这个问题。”乙的肢体语言往往是甲的真实写照。

注意你表达和接收这些信息时的感受。记录你的观察，然后转换角色。担任两种角色后，和同伴讨论这种经历。

训练活动 2

重复训练活动 1，只是这一次乙以一种舒适放松的姿势站在那儿，双手垂放在身体两侧，尽量重申对方表达的内容。然后当你表达异议时，开始运用“而且”这个词语。例如：“我知道你认为减少加班对那些收入低微的人不公平，而且我真的不赞成这一点（而不是说‘不赞成你’）；我肯定对我们来说还有另一种解决问题的方法。”

注意你表达和接收这些信息时的感受。记录你的观察，然后转换角色。担任两种角色后，和同伴讨论这种经历。

集体讨论

讨论与一个人对峙时的感受。

- 当你与他人对峙时，你有何感受？
- 改变语调和身体语言对你接收这种交流信息是否有很大的影响？当你传达这种信息时，又有何感受呢？
- 重演一些简单的坚定直率的对峙情境后，你是否感到更坚定直率？现实生活中你能否更有效地完成这项任务？

个体活动

写出你的体验，列举你将运用新技能的两种情境。谁会是反对你的具体对象？对“你期望他们会做出何种反应，你将如何应对他们的反应”进行描述。

EXERCISE 6.1

训练活动6　独立

训练活动6.1　模拟决策制定

目标

训练如何更迅速地做出决策。分析自己独立决策的过程，并和他人的决策制定流程做比较。

简要说明

25分钟。

简述迅速做出明智决策的流程；分析其作为一项商务技能具有的重要意义。训练在问题刚刚萌生时，便快速地做出决策。独立行动意指拥有足够的权威、掌握充足的信息时，能信心十足地做出决策。

成效

- 在模拟、安全的虚拟情境中快速做出决策。
- 提高直觉性。

适用对象

- 常设团队。
- 独立团队。
- 一对一辅导。

导师能力

初级。

材料

- “模拟决策制定”的材料。
- 参与者每人一份“模拟决策制定记录本”。

预计时间

活动内容	预计所需时间
讨论独立、迅速的决策制定	5 分钟
独立完成活动后，展开两人小组讨论	15 分钟
集体总结汇报	5 分钟
共计	25 分钟

使用说明

1. 讨论决策制定、运用直觉和凭直觉采取行动等系列流程。直觉，即本能、感觉或其他内部意识形成的理解力，能够让我们产生“事实就是这样”的感觉，即使外在迹象尚未支持这种认识。人们通常称之为本能。凭借这种直觉或预感，人们做出直观的决策。

2. 分发材料和记录本。组织参与者开展材料中描述的活动，要求他们在“模拟决策制定记录本”上进行记录。

3. 要求参与者全面实施材料中的各个步骤，然后两人结对，讨论活动结果和有何顾虑。

4. 全体集合总结。你可以讨论下列问题：

- 最有趣的发现是什么？
- 在问题解决过程中，你对直观认识有什么了解？
- 你可能首先将这个流程应用到哪项工作中？

“模拟决策制定”的材料

相对而言，你比较清楚自己的权威性。从理论上讲，权威大小取决于工作描述，但实际上由你与领导及其他高层决策人的现时关系决定。独立是支撑决策制定权力的关键能力，因为你肯定会多次希望或需要影响你的适时领导者。当然，这需要综合运用所有的 EQ-i 2.0 能力，自我肯定和坚定直率能力是首先要运用的，它们是提高自我独立能力的重要技能。

本训练促使参与者虚拟一个场景，以此来提高自己不断快速地做出各类决策的能力。简单记录你已做出的决定及做出此决定的原因。例如，你听老板说要设立一些新的技术支持岗位，便马上推测最佳人力配置是多少、需要哪些工作能力、薪酬标准如何、需要多长时间他们能独当一面，以及是否需要做出其他决定。写下你的想法、观点，解释为什么在这个问题上你的最初想法似乎是最英明的决定。

祝贺你！你已经完成了第一个模拟决定。虽然这更多地依赖于直觉和猜测，但是你的任务是每次接收新信息或产生新的洞察力时，不断提高观察力。现实判断同样是这个训练活动的重要环节，因为你要一直遵循你的模拟决定，并促成最终结果。你仿佛在玩一场游戏，其中一条规则是每次获得更多信息时，必须提高模拟效果。你必须在“模拟决策制定记录本”上记录你的变化，否则将事倍功半。这样有利于你在一年内或更长的某个时间段内做比较相似的决定。注意，哪些情况下你更早地做出正确决定，哪些情况下别人做出了更英明的决定，他们是如何提出的，你的直觉判断的准确性如何。

如果决策制定是你的责任，你要做好更充足的准备。如果你的老板拥有决策权，你可以为其提供更有价值的建议。如果一个同事拥有这项权力，与其合作不合时宜，那么获得更新的信息会比较困难，但是你可以比较你和他的决策制定流程及最终结果，学会制定成熟决策的流程。

切记，不要随便乱给别人出主意，此法不可取，尤其是在对方觉得你在不断地猜测他的情况下，更是如此。此训练是个体独立展开的一项活动，有利于个人提高独立决策制定的能力。

EXERCISE 6.2

训练活动 6.2　摆脱控制

目标

超越不确定性，独立自主地行动。探索没能如你所愿地独立自主的原因。

简要说明

25 ~ 45 分钟。

参与者确定“独立”的特质。讨论容易与难以实现独立的情境。挖掘现状，确定如何在现实中表现得更独立，并将这些新做法付诸实践。

成效

- 深刻了解缺乏独立的影响。
- 表现独立行为产生的更强的满足感和舒适感。
- 选定教练，帮助实现独立行为。

适用对象

- 常设团队。
- 独立团队。
- 一对一辅导。

导师能力 ◑ ●

中级和高级。

材料

- “摆脱控制”的材料。
- 活页挂图和记号笔。

预计时间

活动内容	预计所需时间
讨论“独立”主题	10 ~ 15 分钟
审视现实，包括个人的实例	5 ~ 15 分钟
完成材料步骤 1 ~ 4	7 ~ 10 分钟
集体讨论	3 ~ 5 分钟
共计	25 ~ 45 分钟

使用说明

1. 引导关于“独立”主题的讨论。问参与者“独立”具有什么特质，在活页挂图上写出答案。

2. 问参与者什么时候容易做到独立，并记录他们的想法。

3. 问参与者什么时候难以做到独立，并记录他们的想法。

4. 明晰工作中现存的问题。注意，不应将“乖张”和“独立”混淆起来。“独立”和“反叛”也并非同义词。提问：“独立对工作产生什么影响？”

5. 要求参与者思考，什么行为让他们在现实中表现得更独立。如何能够锻炼得更主动、更自主或自制？在自愿的原则上，让参与者分享具体的体验。若没有自告奋勇者，切勿勉为其难。

6. 分发“摆脱控制”的材料，要求参与者完成步骤 1 ~ 4。

7. 让团队成员两人一组，分别实践步骤 2 中列举的情境。

8. 汇报总结。

- 讨论各团队是如何开展情境训练活动的，他们愿意采取什么行动提高独立能力。
- 要求参与者选定能够帮助自己坚持训练活动的人。在步骤 5 中写出这个人的名字。

“摆脱控制”的材料

1. 描述你选择完成这项训练活动的具体环境（工作、家庭、社团或特定情境）。

2. 列举生活中的实例并说明，如果你表现得更独立、更主动、更自主或自制，你就可以受益匪浅。

3. 从上述例子中选择一两例，确定一两种具体行为，帮助你表现更强的自主性。

4. 如果实现了上述所列事件，它对你的自信心、人际关系将产生何种影响？

5. 找到愿意帮助你不断实践独立能力的人充当教练，确定会面时间，如几周一次或两个月一次，帮助你锻炼这种能力。此人要帮助你培养、锻炼独立能力，以对质疑、挑战你独立性的人给予强有力、恰如其分的回应。

EXERCISE 6.3

训练活动 6.3　加强个人努力

目标

让参与者独立完成通常与他人合作方能完成的任务，让其体验逐渐提高的独立能力。

简要说明

20 分钟。

参与者列出通常与他人合作方能完成的活动清单。为打造自强独立感，从清单中选择一项活动独立完成。在此过程中，他们可以想象并在精神上体验独立完成任务的感觉。为达到预期的独立程度，承诺在生活中继续磨炼在模拟情境中体验的独立感。

成效

- 形成支持你独立行动的方法。
- 让你相信自己能够独自一人有效开展工作。

适用对象

- 常设团队。
- 独立团队。
- 一对一辅导。

导师能力 ◯

初级。

材料

- “加强个人努力”的材料。
- 钢笔。

预计时间

活动内容	预计所需时间
列出活动清单并从中选择一项活动	5 分钟
想象	10 分钟
总结	5 分钟
共计	20 分钟

使用说明

1. 分发“加强个人努力”的材料，并进行内容点评。

2. 参与者单独完成第 1 和第 2 条。

3. 要求参与者想象独自一人完成选定任务的情境。要求他们闭上双眼，慢慢地深呼吸，重复四次。他们闭眼的时候，导师朗读第 3 条的内容，播放柔和的背景音乐。

4. 个体或团队总结汇报。

- 你能否勾画出自己独立完成这项活动的画面？
- 你是否感受到了，若真完成此项任务，你会感到的一丝焦虑？
- 你是否更自信地独自完成任务？

5. 要求参与者在后两周内选定时间，独自完成这项活动。建议他们使用一个小笔记本或小卡片，简要记录亲身体验。

6. 可能的话，在后两周内安排见面，讨论参与者独立完成所选活动时的感受。

“加强个人努力”的材料

1. 列举你通常喜欢和他人共同完成的活动。这些活动发生在家庭之外的场所。

2. 从上述清单中，选择你想在今后两周内独立完成的一项活动。

3. 想象自己独自完成这项活动。从开始准备到回家以后，设想每个步骤。

首先对自己进行勾画。

- 活动开始前，在家里：
  - 你穿着什么衣服？
  - 你有什么感觉？
  - 如果你担心一个人做这件事会出问题，想象有人陪着你，让你感到更舒服、更安全。
- 准备这项活动。例如，你也许看见自己驱车驶向目的地，并靠近活动发生的场所。注意，整个幻想旅途的情境非常重要。汽车里有没有播放音乐？你听见别人说话的声音了吗？声音有多大或距离你有多远？他们在说什么？
- 活动开始。如果你感到有压力，就深呼吸，想象自己在微笑，充满信心。
- 活动结束。
- 回家，仍旧保持笑容，信心十足。
- 安全到家。

EXERCISE 6.4

训练活动 6.4　提高独立能力

目标

认识独立行动的重要性。

简要说明

30 ~ 45 分钟。
强调独立能力的应用，确定最佳的训练方法。

成效

- 了解“独立行动”的意义及应用。
- 确定实现真正独立所需协调的因素。

适用对象

- 常设团队。
- 独立团队。
- 一对一辅导。

导师能力 ○

初级。

材料

- “提高独立能力”的材料。
- 活页挂图和记号笔。
- 钢笔。

预计时间

活动内容	预计所需时间
讨论材料所附的情境片段	10～15 分钟
回顾其在生活中运用独立能力的事例	10～15 分钟
制订 21 天培养计划	10～15 分钟
共计	30～45 分钟

使用说明

1. 要求培训对象或团队阅读材料中的情境片段。

- 分析参与者如何看待独立能力训练活动及缺乏独立能力的例子。
- 问参与者，他们认为哪些方面是独立能力的正确应用，哪些策略毫无帮助。
- 讨论团队成员的观察结果。注意在同一个片段中，不同的个体可能看到独立能力的不同应用。

2. 要求参与讨论运用独立能力的亲身经历。

- 寻找积极和消极运用这种能力的例子。
- 与团队或辅导个体一起列出独立标准清单，界定利用独立能力的最佳方法。
- 讨论独立行为的正反作用时，思考巧妙做到独立的方法。

3. 邀请每个成员和他的伙伴（视具体情况而定，若不适合两人一组，可单独进行），制订提高独立能力的 21 天培养计划。该计划包括参与者在今后 21 天里要坚持执行的新行为。计划必须包括：

- 一周内，有两天，你独自决定什么时候、去哪儿享用午餐，而不是每天在办公室里等着他人决定。
- 当你对一个重要观点持有异议时，跟生活中的权威人物大声说出你的观点。

4. 提醒参与者运用独立能力的玄妙之处，他们必须采取有礼貌的、促进满足公司和自己需求的行为。

5. 要求参与者承诺在今后的 21 天里有所改变，并向团队或团队指定的某人进行汇报。

“提高独立能力”的材料

阅读下列情境，讨论是不是每种表现独立的方式都对个体和公司有益。

情境 1

一位高层管理人员向董事会做汇报。董事会对其高效的工作效率颇为满意。他似乎总表现出乐观进取、战无不胜的态度，而且确实能够完成任务。不论董事会提出什么要求，他都能做到。他毫无怨言。不用说，当收到 360 度全方位测评结果，看到“他的员工声称他们都快造反了”时，董事会大为震惊。结果证明，这位高层管理人员把董事会布置的所有任务全都交给了员工，让他们去完成，所有任务皆是如此。现在，董事会在考虑是否要继续留任这位高层管理人员。

情境 2

一个七人团队中，一些成员对直接上司颇为不满。怨气最大的一个人集合整个团队，列出问题清单，决定先拿给直接上司的老板看，而不直接告知直接上司。其中一位成员拒不同意这个方案。他被派到这个团队工作了三年，但是他在这个领域已工作了 15 年。他认为这不是正确处理问题的方法，而其他成员固执己见，坚持这么做。老板已同意和他们面谈。

EXERCISE 7.1

训练活动 7　人际关系

训练活动 7.1　重视友情

目标

进行自我反思，评价友情在人生中的重要意义，并列出未来要优先处理的事务。

简要说明

45 分钟。

指导参与者写出在其生活中朋友和友情的作用，然后讨论友情的重要作用，选出生活中优先处理的重要事务，并制定明年的相关目标。

成效

- 认识到友情在生活中的作用和意义。
- 根据友情发挥的作用，制定明年切实可行的目标。

适用对象

- 常设团队。
- 独立团队。
- 一对一辅导。

导师能力 ○

初级。

材料

- 笔和纸。

预计时间

活动内容	预计所需时间
讲解本训练活动	5 分钟
进行写作说明，留出参与者的写作时间	15 分钟
讨论	15 分钟
撰写目标	10 分钟
共计	45 分钟

使用说明

1. 分发笔和纸，要求参与者写出助其挖掘友情和朋友在生活中的作用的各类事件。特别强调，这项练习的目的在于激发参与者的自我反思和认识，而非进行自我评判。它促使个体做出更让自己满意的决策。每个主题都留出一些时间让参与者进行反思。观察，如果发现他们没有内容可以罗列，不用再思考琢磨，可以转到下一个问题。不要把印有全部问题的材料都发给他们，因为这会让他们对后来的问题做出他们认为应该做出的回答，而影响前面问题的回答。

2. 要求参与者按照下列要求逐步展开活动。

- 首先，写下题目“我的朋友”，然后列出想到的朋友名字。不要进行过多的指导说明，便于他们思索筛选。留出他们罗列名字的时间。
- 其次，写下“什么是朋友”，然后写出自己的理解，可以简明扼要，可以详细具体。留出撰写定义的时间。
- 然后，按照下列句型，完成每个句子的陈述：

  “朋友在工作中很重要，因为______________________________。”

  “朋友在个人生活中很重要，因为____________________________。”

  “朋友在我一生中很重要，因为______________________________。”

  “我最好的朋友最‘优秀’，因为____________________________。”

给他们留出写作时间。

- 最后，要求他们在纸上写出“我如何安排生活事务的优先顺序”，然后写出他们对分配给朋友、工作、家庭和人生其他重要部分的时间，以及对此时间分配的感受。鼓励他们要实际，同时要关注，他们未来的生活是否过分受制于这份由“要做的事情”组成的任务单。问他们是否忙于完成任务清单，而没能和朋友玩耍或联系。给他们留出更多的思考时间，激发参与者的反思性认识。

3. 全体集合，根据他们写出的内容展开主题讨论。提出下列问题：

- 你过去如何界定朋友？
- 定义是否因性格内向和外向而不同？朋友是否重视 Facebook 或其他社交媒体？
- 为什么朋友在工作中、你的个人生活或整个人生中至关重要？
- 你如何评价你梳理的人生重要事务的优先顺序？你希望做出改变吗？
- 多长时间能够完成？人们通常希望任何好的事物都能够更加长久，但是，一天只有 24 小时。这是如何分配时间的问题。

4. 提醒参与者，朋友是人际关系能力的重要组成，是 EQ-i 2.0 中幸福指标的一部分，必须认识到友情和个人幸福有着直接的关系。要求他们思考两者之间的联系。

5. 要求参与者写出题目“明年在培养友情方面的重要事务的优先顺序”，反思明年的目标。提醒他们一定要切合实际。你不希望他们眼高手低，制定过高目标，最终以失败告终。

提示：这项练习还可与“自我实现”中的 2.1 和“快乐/幸福”中的 16.1 配合使用。

EXERCISE 7.2

训练活动 7.2　肯定他人

目标

帮助参与者深刻认识“肯定他人”的重要作用。认识人际关系能够促进积极的互动。

简要说明

第一阶段 50 分钟，第二阶段 80 ~ 110 分钟。

本训练活动包括两个阶段，如果管理层全力参与，则两个阶段可以配合使用，实现持续半天的团队构建体验。在第一阶段中，团队成员以团队形式完成侧重肯定对方的训练活动。在第二阶段中，团队成员和管理层一起确定并肯定团队的优势和目标。训练活动可止步于第一阶段。

成效

- 感受增强团队力量的体验，了解日常人际关系思考产生的持续性动力。
- 体验关注团队优势的积极作用，了解这些优势如何促进有效的互动。

适用对象

- 常设团队。
- 独立团队。
- 一对一辅导。

导师能力 ◑ ●

中级和高级。

材料

- “肯定他人”的材料。
- 笔和纸。
- 活页挂图和记号笔。

预计时间

活动内容	预计所需时间（第一阶段）	预计所需时间（第二阶段）
讨论“集体肯定”	15 分钟	
准备“优势”和“目标”的个人陈述	15 分钟	
练习肯定优势	10 分钟	
练习肯定目标	10 分钟	
指导团队成员		20 分钟
指导高级经理和主管创建奖赏清单		30 分钟
经理和主管肯定整个团队，从公司未来发展的角度讨论团队目标		30 ~ 60 分钟
共计	50 分钟	80 ~ 110 分钟

使用说明

1. 讨论集体肯定的发展现状，包括得到他人的肯定所产生的积极影响；当你得到家庭成员、同事或有权势、有威望的人的肯定时，肯定的影响产生了何种变化；团队每位成员均给你肯定，其影响力有多大？

2. 下列训练活动旨在帮助参与者在回应中形成慷慨大方和热情真诚的品质。他们要肯定而不是评价此人的优势或目标。指导参与者关注团队认同及成员之间的相互理解和尊重，以及随着训练活动的实施，这种感觉逐渐增强的过程。

第一阶段

1. 分发笔、纸和“肯定他人”的材料。

2. 将参与者分成三组；如果还剩下一两个人，可分为四组。这个训练活动的目的在于体验同行们肯定你的自我认识。

3. 评价材料，让各组实施材料中的第 1 条，指导个体利用 15 分钟时间写出自己最强、最有价值的三个特征，以及期待在未来一年内实现的三个目标（这些目标可以是个人目标或职业目标，但前提必须是个体愿意在团队内分享的目标）。

4. 指导大家继续完成材料中的步骤 2 和步骤 3。

5. 指导参与者各用 10 分钟的时间肯定优势和目标。个体应积极参与团队讨论。

第二阶段

1. 如果首先进行两个单独的会面（一个是与所有成员的会面，另一个是与团队管理层的会面），随着活动参与度的加深，这项活动将达到最佳效果。

2. 首先，教练/导师集合整个团队，要求成员讨论各自的优势、最大的贡献及第二年期望实现的主要目标。教练/导师在活页挂图中记录成员的清单。

3. 教练/导师与即将参与训练活动的主管会面，指导他们了解这个训练活动的本质。务必强调，这次体验旨在授权而非批判。要求主管们创建团队最强优势和最大贡献清单。

4. 完成上述任务后，聚集两个团队，要求主管展示他们列出的清单。然后让成员们分享他们的清单，再指导团队讨论他人的清单列表，从而发现所有积极的方面。牢记，你强化什么，什么将在工作中反复上演。

5. 要求团队展示在未来一个季度、一年或其他选定的时间期限内，他们期望实现的目标，要求主管给予支持性评论，如“是的，我们相信你一定能够实现这些目标”，并要求主管列出相信目标能够出色完成的原因。如果成员提出的目标似乎不切实际，那么仍旧要称赞其付出的努力，持肯定的态度与其共同重新制定目标，直至确定切实可行的目标。

6. 团队汇报总结，肯定积极互动的重要意义，了解增强团队成员关系的途径，最终提高团队的效力。

“肯定他人”的材料

1. 写出最强、最有价值的三个特征，以及你期望第二年实现的三个目标（可以是个人目标或职业目标，但必须是你愿意与团队分享的目标）。列出你肯定自己优势的三个或更多的评价，如“我是一个优秀的聆听者”“我关注细节”“我正在提高我打高尔夫的技能”。

2. 学习者（甲）给其他两人（乙和丙）朗读第一个肯定的陈述，乙和丙面带微笑给予鼓励。“这正是我们喜欢你的原因！”要充满真情地发表此番言论！为对方提供耳目一新的、与其自信一致的肯定评价，从而让甲能够听到这种反馈，继续朗读下一条优秀品质。现在，转换角色，让乙、丙分别体验这种感受。

3. 甲逐一朗读目标，然后，乙、丙回答：“当然，你能实现，我现在就敢断言。”（让甲听到这种反馈，而后再进入下一个目标。）每个人都要朗读自己的三个目标，并获得其他两人给予的肯定。

EXERCISE 7.3

训练活动 7.3　建立友情

目标

帮助不善于建立友情的人建立友情。

简要说明

25 ~ 30 分钟。

参与者要思考自己的生活，形成自己乐于与人分享的历史事件列表。

成效

逐渐愿意开始简短的谈话，能自如地展开促进人际关系的对话。

适用对象

- 一对一辅导。

导师能力 ◯ ◑

初级和中级。

材料

- “建立友情”的材料。
- 钢笔。

预计时间

活动内容	预计所需时间
填写工作清单	15 ~ 20 分钟
讨论	10 分钟
共计	25 ~ 30 分钟

使用说明

1. 提供笔和“建立友情”的材料。

2. 告知参与者，从某种程度上说，结交新朋友是运用高超谈话技巧的结果。本训练活动有助于提高谈话技能，让参与者能够打破僵局，展开对话，只要对方流露出细微的谈话倾向即可。要求参与者从生活的四个领域收集信息，并学会分享。告知大家，适当的聆听会鼓励他人分享其相似的经历。

3. 点评材料，要求参与者完成材料训练活动。

4. 完成后，参与者讨论各自的答案和反应。

“建立友情”的材料

思考让你成为现在样子的生活经历和重大事件。一些是快乐、成功的事件，一些则不然。你愿意分享一些故事，而有的你不愿提及，直到某人尊重并赞赏你的那段生活经历。牢记，在结交新朋友的过程中，你有权选择分享哪些信息。

在标题“生活变化”下面简要写出四个已经发生过的类似故事。

生活变化

思考生活中的一些背景信息：你生长在什么地方？父母从事什么工作？在学校里你最喜欢什么课程？有什么体育活动或爱好？有几个兄弟姐妹？你是最年长的还是最年幼的？在“背景事件”标题下，列举你最乐于谈论的四五个故事。

背景事件

在标题“目标”下面，列举你希望实现的两三件事，如提高打高尔夫球、保龄球的技能或桥牌的水平，孩子能整宿睡觉等。

目标

在标题“假期”下面，列举你最喜欢的两个假期中的一些细节。

假期

现在，你可将这些丰富的支持性材料运用到谈话中。如果谈话进行较慢，你应采取措施推进谈话持续进行。

除拥有这些谈话工具外，你要认识到，交谈和聆听有着各自的作用。新建立的友情通常始于某人感到对方在耐心地聆听而不是口若悬河、滔滔不绝地说个没完没了。当你充满敬意地聆听并关注对方、发现对方有许多有趣之处时，新的友情就开始了。双方都将兴致勃勃地聊很多。一个充满耐心且对自己生活细节颇具兴趣的人，的确很难找到。我们自然希望与这样的人交朋友。但是为了平衡友情，你必须懂得分享，在聆听他人的同时，别忘了告诉他你自己的信息。

打开话题包括“寒暄和闲聊”、吸引每个人兴趣的一般话题，或让双方受益或受损的话题。因此，天气通常成为对话的开场白。从这个话题可以引发双方最喜欢的旅途经历、童年时代发生的事情等话题。

人类喜欢互相交换故事。这让我们的生活联系在一起，因此如果你讲述了一个天气影响你假期的故事，沉默片刻后，对方很可能告诉你天气影响他生活中的某件事。如果沉默不能鼓励对方讲话，那么态度温和地提一个一般性问题也许能够奏效。不论对方给出何种答案，用释义的方法复述，保准你会得到更多的细节。例如：

“一次，去佐治亚州时，我经历了这样一件事。我从来没有经历过那么剧烈的暴风雨。汽车刚驶出亚特兰大一小时，大雨就几乎没过了轮胎盖。”

“你没开玩笑吧！‘大雨没过了轮胎盖’？”

“是的，行驶了一小时我们开出两千多米，直到雨水渐渐退去。”

好啦，你明白了吧！

EXERCISE 7.4

训练活动 7.4　彼此尊重

目标

深刻认识，彼此尊重的人际关系对工作的重要意义。

简要说明

70 ~ 85 分钟。
探索健康的人际关系的重要意义及其带来的益处。

成效

- 深刻了解人际关系的重要性。
- 深刻认识常设团队的健康目标和界限。
- 为提高和维持健康稳定的人际关系的技能奠定基础。

适用对象

- 常设团队。

导师能力 ◐

中级。

材料

- 活页挂图和记号笔。
- 笔和纸。

预计时间

活动内容	预计所需时间
讨论强调尊重和敬仰的人际关系的重要性	10 ~ 20 分钟
集体定义人际关系，列举优缺点/正反面	15 ~ 20 分钟
列举需要考虑的问题，讨论维持关系的策略	10 分钟
制订行动计划	15 分钟
反思	20 分钟
共计	70 ~ 85 分钟

使用说明

1. 集体讨论同情、尊重他人的重要意义，并关注如何在公司或社团内表达这种情感。

2. 讨论人际关系的意义。

工作中，健康的人际关系意味着抽时间聆听别人，如关心约翰的女儿是不是在跳芭蕾、比尔的儿子是不是刚刚入伍、萨拉的妈妈是不是进了私人养老院等。聆听帮助玛丽集思广益，听取董事会上第一个人的发言内容，帮助她摆脱紧张情绪。接触的同事越多，公司暴力发生的可能性越小，其他许多可能发生的问题也会随之减少。

性骚扰是工作中存在的大问题。一些人担心构建人际关系可能导致出现性骚扰问题。如果这是你的团队成员或公司员工的顾虑，让大家弄明白尊重和性骚扰的不同。

3. 团队：

- 形成对健康人际关系的定义。集思广益，在活页挂图中写下影响健康人际关系的重要因素。
- 列举增强人际关系的优缺点。帮助他们做到诚实坦率。例如，有不同品质的人没能融洽相处。
- 讨论关系限定、时间掌控和文化差异等问题。

4. 讨论如何在工作之外维持有意义的人际关系。提问：“因为工作需求，在你的重要人际关系中，你经历过什么难题？”“你如何维持人际关系？”

5. 要求团队制订适用于整个团队的行动方案，确定检查次数以确保大家确实在想方设法地努力提高人际关系。

6. 要求每个人思考在本训练活动中团队的表现，以及团队表现对每个人的意义。要求大家分享各自的想法。

EXERCISE 8.1

训练活动 8　同理心

训练活动 8.1　提高影响力

目标

学会运用一种聚焦策略，通过表达同理心构建影响力。

简要说明

50 分钟。

了解影响力的重要作用，理解如何通过表达同理心拓展影响力。两人结对进行演练实践。

成效

- 形成表达同理心的能力。
- 了解如何更有效地运用情绪影响他人。

适用对象

- 常设团队。
- 独立团队。
- 一对一辅导。

导师能力 ◐

中级。

材料

- 无。

预计时间

活动内容	预计所需时间
讨论提高影响力的重要性和方法	10 分钟
策略展示和说明	10 分钟
两人结对练习实践	15 分钟
团队或集体总结，要求参与者主动将此策略应用到实践中	15 分钟
共计	50 分钟

使用说明

1. 与团队/集体或教练讨论有效影响他人的多种途径。影响力有助于管理员工，激发动力；有利于说服别人接受你的观点；促进通过更多方式获得认同。为此，需要做到以下几点：

- 提问，最近一次试图“迫使”他人做事情是什么时候。描述发生了什么事情。从长远看，其成功的意义是什么？你很可能听到参与者说，即使面对下属，领导者也可发挥影响力实现成功。
- 注意，协商或试图解决一个矛盾的目的就是影响他人改变态度。
- 劝导就是希望人们认为你诚实可信，能给他们提供有用信息。

只有对方相信你把他的最大利益牢记在心，他才可能听从你的建议。思考，让他人知道你理解并重视他的价值能够产生何种积极作用。这要求参与者善于表达同理心。这项训练能够帮助他们提高表达同理心的能力，从而构建影响力。

2. 关注某人，然后如实反馈通过观察，你认为什么对他最为重要，并表示你对此非常重视，表现你的同理心。这个模式是：好奇+同情心=同理心。你可以充满好奇地询问参与者你发现他关心的某件事情；询问过程就是你给参与者示范你将要求他们展开的流程。例如，“你和团队共同参与一个大项目，目前进展如何？”等待回答，专注地聆听。然后，如实反馈：“我对这个项目可能对团队产生的巨大影响颇为兴奋，只是担心人力是否足以按时完成这项工作。我可以坦率地告诉你，你一定会成功的！”现在，建议参与者使用一种可以发挥影响力的方法。例如，说：“何不抽时间和每位成员谈谈，询问他们目前的进展，你能为他们高效工作做些什么。尽管这么做需要你提前投入一些时间，不过当人们感受到你的关心和重视时，他们会备受鼓舞而更高效地工作。”

3. 现在，要求参与者两人一组，就生活中、家庭中或工作中真实发生的一件事运用这个策略，表达同理心，构建影响力。务必要运用到真实情境中。通过这种模式真实体验同理心有利于激发参与者今后实际运用这种策略的愿望。指导两人结对，轮流进行，每人五分钟。随后，全体集合，汇报总结。

4. 全体集合，询问他们的反思。分析刚才讨论的运用同理心的实例，讲述可能获得的长远利益，从而强调此策略的重大作用。要求每位成员转向临座同伴，确定下周的两次时间，到时他们将运用这种策略，有效表达同理心从而构建影响力。

EXERCISE 8.2

训练活动 8.2　学会聆听

目标

聆听并回答别人表达的真实意思，至关重要。借此，构建同理心能力。

简要说明

35 ~ 40 分钟。

参与者两人一组展开训练活动，了解通过原稿宣读的反思训练活动，运用同理心能力。个体与教练一对一进行。

成效

理解具体的反思策略，构建人际关系，减少冲突。

适用对象

- 常设团队。
- 独立团队。
- 一对一辅导。

导师能力 ○ ◑

初级和中级。

材料

- 准备好的活页挂图。

预计时间

活动内容	预计所需时间
总结“同理心”，讲述本训练活动	5 ~ 10 分钟
两人一组，一人讲述一个尴尬的情境，另一个人则运用示范短语给予反馈，然后互换角色	10 分钟
团队汇报总结	10 分钟
可选项：讲述令人愉快的情境，重复上述流程	10 分钟
共计	35 ~ 40 分钟

使用说明

1. 描述“同理心”能力，强调密切关注他人至关重要。许多人认为他们对此很擅长，实则不然。这些参与者很可能会马虎大意，不能认真地完成训练活动。

2. 团队成员两人一组；若为一对一辅导，教练可与参与者结对。每组成员中，一个人告诉另一个人，他在工作中遇到的令其不适的情境。另一个人仔细聆听，思考对方的感受及其有此感受的原因，帮助对方探索并认同这段经历。

3. 指导应答者按照下列模式给予作答：“你感觉____________，因为________。”应答者也可有所改动，可以通过下列表达增强准确性：“哇！那一定感到____________。人们这么做时，很____________。”

4. 解释，应答者的目的是促进说话者通过反思经历及该段经历给其带来的变化来挖掘情境。应答者不应帮助说话者解决问题。应答者所做的一切就是为说话者提供一面镜子，让其对照自己的行为，判断如何达到不同的结果，以及如何做出改变。

5. 宣布训练活动开始。

6. 5 分钟后，让他们互换角色。

7. 通过下列问题，进行集体总结讨论：

- 什么更难确定？个人有何感受？为什么？
- 当你准确表达感受和意义时，你的伙伴有何反应？

8.（可选项）运用积极快乐的情境（最好选自工作场所），重复上述训练活动。

EXERCISE 8.3

训练活动 8.3　从他人角度考虑问题

目标

参与者能够认识到，某人对一种情境产生强烈反应时，可以产生多种情绪。通过本训练活动，提高参与者对特殊情境产生同理心的能力。

简要说明

60 分钟。

参与者思考两种情境，并感受他人当时体验的复杂心情，从而逐渐理解不同的观点如何影响他人的情绪反应。

成效

- 理解个体产生强烈情感时的复杂心情。
- 认识不同的观点对情境产生不同程度的影响。
- 参与者与朋友或同事交谈时，体验对方复杂的经历，从而提高同理心能力。

适用对象

- 常设团队。
- 独立团队。
- 一对一辅导。

导师能力 ◯ ◑

初级和中级。

材料

- “从他人角度考虑问题”的材料。
- 笔和纸。

预计时间

活动内容	预计所需时间
阅读情境 1，并就此展开讨论	25 分钟
阅读情境 2，写出可能产生的情感	15 分钟
集体讨论顿悟和感受	20 分钟
共计	60 分钟

使用说明

1. 分发笔、纸和“从他人角度考虑问题”的材料。

2. 组织参与者两人一组完成情境 1。若参与人数为奇数，最后一组可由三人组成。参与者阅读材料，按照要求完成训练活动。

3. 20 分钟后，提醒大家时间还剩下 5 分钟，5 分钟后要求他们开始情境 2 训练活动。情境 2 要求参与者独立完成。

4. 10 分钟后，提醒大家时间还剩下 5 分钟，5 分钟后要求大家集合，一起讨论各自的经历。导师可以提出以下问题：

- 情境 1，谁最应该提高交际能力？
- 情境 2，琳达和莱多的关系对莱多看待生活变化的态度产生了何种影响？他对此有何感受？

“从他人角度考虑问题”的材料

现实生活中，多种情感通常混杂在一起，有时甚至相互矛盾和错综复杂。根据对具体情境的理解，人们能够解释这些错综复杂的情感。洞悉个体的观点对其反应与多种复杂情感的关系，将大大提高你的同理心能力。

当你和某人聊天时，回应对方试图交流的信息内容有两个关键方面，即意思和感受。只有做到了这两个方面，你才能出色地表达你的同理心。生活情境日益复杂，因此人们经常发现自己在多种困惑不解的情绪中摇摆不定。这些感受是身体内部不同部位产生的化学反应和电反应，因此它们通常不能使你准确地表达自己。准确地做出反应能够促进信息的明晰化。

情境 1：午夜航船

故事情节

设想，读大学的女儿在电话里留言，说她周五休息，要开车回家度周末。你原以为她周五下午到家。事实上，在晚饭时分，她才到家，同行的还有她的一位女朋友。她们换了衣服就外出了，说要参加一家刚开业舞厅的盛大开业典礼。大约凌晨 3 点，她们回来后，一觉睡到第二天的 11 点。第二天，她们外出购物，在购物中心吃了午餐，晚饭时才回家。此刻，你才有空儿跟她们聊天。大家聊得很开心，但是你有张价格不菲的比赛票，而且这场比赛你盼望已久。你回家时，她们又要出去。你去教堂做礼拜时，她们才起床。等你驱车返回时，她们已经走了。你的女儿留下一张字条，说："谢谢！很高兴见到您！我玩得很高兴！"你有何感受？

使用说明

两人一组展开 5 ~ 10 分钟的讨论，讨论这位家长如何更好地与女儿交流，让女儿清楚他的具体活动。你扮演这位家长的挚友。挚友能够反映这位家长和女儿交流的内容，反馈对他们感受的认知。因而与挚友交谈能够帮助他们充分理解将要经历的体验。优秀的聆听者就像多棱镜一样，从不同角度展现视线之外、焦点之外的我们。团队中，一人扮演家长；另一人扮演朋友，与这位家长谈论此话题。用简短的语言记录家长感受到的各种情感，并在第一栏下面写出原因。

现在，从女儿的角度，讨论此话题。团队双方转换角色，上次扮演家长的人现在扮演朋友；上次扮演朋友的人现在扮演女儿。讨论，你可以怎样更有同理心地回应家长，与此同时不影响你与好友共度盼望已久的美好时光。在第二栏列出女儿的感受和原因。

家长的感受和原因	女儿的感受和原因

下面列举家长可能的感受：

听完女儿在此话里的留言信息，你感到很温暖、很高兴，迫切期待周末的到来。周五下午三点了，她还没回来，四点、五点，仍没有人影，你越等越着急，万分担心。看到女儿到家，你非常高兴，如释重负。但当你发现她还带着一个朋友时，你有点儿不悦和失望。看到她换完衣服后马上离开，你的这种感受更加强烈。第二天凌晨三点，她到家时，你感到火冒三丈，有种被利用的感觉，因为你知道她要睡懒觉。事实的确如此。最终在吃午饭时你看到了女儿，和她聊天你很期待也很高兴，但心中仍有丝丝不悦。

自从买了比赛门票，你就对这场比赛很期盼。现在，你真希望，那天你没有去看比赛，这样就可以和女儿多待一会儿。你很难聚精会神地看比赛，因为你担心你和女儿失去联系。早晨离家去教堂时，你感到闷闷不乐，因为你知道等你回家时女儿可能已经走了。看到女儿留的字条时，你感到自豪，觉得女儿已经长大了，善解人意地留下精美的字条。但是，当你知道女儿好像在躲避你时，你颇为生气，不过马上又焦虑地担心女儿驾车返校路上的安全。

比较这种可能性解释，讨论你的观察。注意，你如何对不同观点产生同理心。现在，以女儿的口吻讲述故事，从电话留言开始。

情境 2：复杂的感受

使用说明

随着情节的发展，填写下列空白处，从而让你认识到莱多和乔的复杂感受。此次训练活动要求个体独立完成，列举莱多可能产生的一些感受及其原因。这存在多种可能性，因此，下列每种反应模式提供至少两个答案。若空间不够，可附页。

2001 年 9 月，“9・11”事件时，莱多还是高中二年级的学生。该事件让他和他的同学及其家人深感不安。

他感到________________，因为________________。他还感到______________________，因为__________________。（例如，他感到极度愤慨，因为美国人不应该在自己的土地上受到攻击。他还感到恐慌，因为他从未想到会发生这类事件。）

为了平复心中的愤慨和无助，他和朋友乔共同拟订了一个计划，即高三的第一个学期后参加海军。他们一起到健身房锻炼身体，结识当地入伍人员，仔细研读关于军队生活的材料。现在莱多感到______________________，因为______________。

一直被视为具备领导才能的乔，感到__________________，因为____________________。

莱多的生日是在八月。因此，他还没到参军的年龄，只有家长允许才可参军。他的家长肯定不允许他去参军。谈到这儿，他就感到______________，因为______________。

乔到了参军的年龄，他的母亲说服不了他留在学校考大学，因此他可以按照计划去参军。在动身的最后几周，他引起了同学们的关注，大家对他羡慕不已。这让莱多感到很______________________，因为____________________。相反，乔感到很_______________，因为_________________。新年后的第二天他便动身去参加基本训练。

乔的妹妹琳达在乔离开后，经常给莱多打电话，他们通常一聊就是几小时。不久，他们开始约会。大约在莱多生日前的一个月，他们知道乔已参加战斗，并在第一次交战中，乔杀死了一个人，后来受害者被证实是一位市民。

运用类似的描述模式，描述莱多逐渐认识社会的过程，以及当他步入这些人生阶段时可能产生的感受。

首先，他感到__________________，因为______________。然后，他还感到________________________，__________________和________________________，因为_________________。现在，他还感到______________________，因为________________________________。

同样，描述乔逐渐认识社会的过程，以及当他进入这些人生阶段时可能产生的感受。

尽管这看似是一个公式，但如果能从同理心的角度创造性地完成填空，你同样可以讲述一个美妙动听的故事。

与大家分享在此过程中的思考。

EXERCISE 8.4

训练活动 8.4　构建有意义的关系

目标

帮助你与生活中的关键人物构建更有意义的关系。

简要说明

60 分钟。

在教练的指导下，个体讨论“聆听的重要性”及“如何理解他人的处境”。参与者选择某种关系，并希望通过同理心加深这种关系。创造提示卡，实践新行为。

成效

- 提高聆听他人倾诉并理解其真实含义的能力。
- 提高有效回应的能力。

适用对象

- 一对一辅导。

导师能力 ◐

中级。

材料

- “构建有意义的关系”的材料。
- 卡片。
- 笔。

预计时间

活动内容	预计所需时间
“聆听讨论”的价值	20 分钟
练习解释含义	15 分钟
练习慎重表达感受	20 分钟
创建训练卡片	5 分钟
共计	60 分钟

使用说明

1. 分发“构建有意义的关系”的材料，包括一个案例分析。

2. 要求参与者阅读案例分析，然后提问：

- 你是否曾经体验或看到过类似的情境？
- 案例分析的解决方法是否可行？
- 你是否认为简单能够产生重要的影响？是的话，它如何产生影响？不是的话，为什么？

3. 要求参与者关注他们的境况。选择人生中他们希望搭建的一种或多种更有意义的关系。

4. 分析目前这种关系中缺少什么。询问参与者，他们认为其他人可能如何看待这种关系。

5. 要求参与者评价现行日程安排和行为模式，确定一天中何时与此人接触效果最好，并投入时间和精力，聚精会神地聆听。

6. 帮助参与者认识到，解释对交流沟通的强大影响，撰写一些表达范例，锻炼解释技巧，直到掌握这种能力。建议参与者运用下列解释模式：“那么，你是说……”“我听到的是你想（需要）……”“好吧，听起来，好像……”

7. 练习表达他人对现状的感受，运用下列模式让参与者放心：“那么，这让你感到非常……”“哇！你一定对此感到……”“那么，你自然会感到有些……”如果对方并未具有你所提到的那种感受，对方通常会更准确地描述自己的真实感受，对其表述给予纠正。

8. 告诉参与者，如果他需要记忆辅助工具，就制作一张卡片，卡片上可清晰准确地描述新行为，包括参与者与何人联系、承诺运用新行为的次数。

“构建有意义的关系”的材料

案例分析

- 行政经理具有超强的领导能力，认为自己真心实意地关心员工。
- 员工认为她是富有天赋的经理，但觉得她似乎对员工缺乏兴趣，因此对她耿耿于怀，这逐渐削弱了公司的士气。
- 行政经理是一个工作狂，在通勤的路上她都在思考当天需要完成的工作。上班时脑子里只考虑如何完成工作。到达公司后，她直奔办公室。她没有时间签到，没有时间和员工接触，甚至经常忘记和别人打招呼。
- 当收到 360 度全方位考核结果时，经理开始认识到她的行为对员工产生的影响。随后与员工进行讨论，帮助她理解员工的感受，以及员工期待受到的待遇。
- 她和她的教练设计了一个简单策略以增进她和员工的关系，让员工知道她很重视他们，并设计了具有下列提示语的小卡片。
    - 停下来和别人打招呼，目光交流，称呼他们的名字。
    - 问问他们在忙什么，进展如何。停下来，聆听对方的回答。
    - 问问有没有需要帮忙解决的问题。
    - 解释听到的内容，“猜测”他们的感受：“听起来你对此感到质疑。”（拥有大量描写感受的词语将大有帮助）
- 她每天阅读卡片两三遍，同时在大脑中想象这些行为的具体表现。
    - 下车前，在公司停车场阅读。
    - 午饭刚回来时阅读。
    - 一天将近结束，她会在办公室里转一圈儿，跟同事们说声“再见”。
    - 投入时间，在他人帮助下，增进员工关系，从而极大地鼓舞了员工士气。

EXERCISE 9.1

训练活动 9　社会责任

训练活动 9.1　关注比自己更重要的事物

目标

从情感上关注事关整个人类的大事；认识到肯定我们的人类身份认同、赏识工作中取得的成功，具有重大作用。

简要说明

15 分钟（前期准备），25 ~ 45 分钟（过程）。

展示一段鼓舞人心的视频或电影片段，选择一个宏伟的主题，要比日常工作中的任何事务都伟大。大家写出各自观看视频的感受，讨论关注更伟大主题的重要意义。这种做法如何能够帮助我们成为更出色的员工和更优秀的人。

成效

- 认识到关注更伟大事务的重要意义。
- 认识到成为更高效的员工、实现理想状态的自己，两者紧密联系起来。

适用对象

- 常设团队。
- 独立团队。
- 一对一辅导。

导师能力 ◐

中级。

材料

- 笔和纸。
- 播放视频或电影片段，上网链接视频。

预计时间

活动内容	预计所需时间
练习之前：选择视频或电影片段	15 分钟（或更长）
播放片段，参与者写出感受	10 ~ 15 分钟
讨论	15 ~ 30 分钟
共计	15 分钟（前期准备）， 25 ~ 45 分钟（过程）

使用说明

1. 本训练活动开始之前，选择一段关于一个宏大主题的视频或电影片段，旨在完成关系每个人的巨大社会变革。确保你所选的主题能够让导师、团队或集体在情感上都参与其中。你可以在网络上搜索，寻找与参与者相关主题的视频。例如，“thank you from habitat for humanity”：每个人都应拥有一个简单舒适的家；“Golden Rule”：展示善待他人的重要作用；“Lemonade Day”：关注儿童经济自由和开拓意识。确保具有视频播放设备和播放器。如果播放电影片段，一定要遵守相关的法律。片段播放时间控制在 3 分钟。

2. 展开讨论前，播放视频片段。然后分发笔和纸，要求参与者写出观看视频的 3~5 种感受。如果他们对片段内容不甚理解，重放一遍，以加深体验和对情绪的认识。

3. 引导大家围绕更重要的话题展开讨论，因为社会话题或项目会让某方面处于劣势的社会成员从中受益。无论关心的主题是如何通过努力工作而拥有足够大的房子，还是其他人类关心的主题，注意他们关心什么，以及这为什么能够帮助他们赋予生活的目标。激发参与者展开下列讨论。

- 关心更重大的主题的重要意义。

- 体验并表达工作中更重大主题的讨论与成为高效团队成员和员工是如何紧密相关的。
- 无私奉献、关爱他人是什么感觉。
- 团队希望讨论的其他题目。

询问他们是否愿意定期关注一些重大主题，如果这个主题是一个目标的话，制订方案逐步实施。

4.（可选项）拓展目标：促成团队开展一个项目，如为老人粉刷房屋，时间为一天。活动结束后展开讨论：作为员工、自己社团成员，这项活动如何激励他们积极参与公司和社区建设。讨论参与者有何感受？为什么会有这种感受？提高情感认知。

EXERCISE 9.2

训练活动 9.2　真诚评价他人

目标

促使参与者将最初的焦点和参照标准从自己转移到其他人。

简要说明

50 ~ 65 分钟。

参与者尽量将注意力从工作中存在的问题和不足转移开，进而关注目前拥有或可获得的、能够支持员工和公司的资源。此训练活动源于欣赏式探询的理论和实践。导师必须模拟真诚的评价，帮助参与者应对这种陌生定位可能引起的不适。

成效

参与者将获得直接体验，从而影响自己的情绪状态，使其促进更坚固、更完整的社会责任关系的形成。

适用对象

- 常设团队。
- 独立团队。
- 一对一辅导。

导师能力 ◑

中级。

材料

- “真诚评价他人”的材料。

- 活页挂图和记号笔。
- 笔和纸。

预计时间

活动内容	预计所需时间
简要介绍“社会责任”	5 分钟
完成材料步骤 1，并展开讨论	10 ~ 15 分钟
完成材料步骤 2，并展开讨论	10 ~ 15 分钟
完成材料步骤 3，并展开讨论	10 ~ 15 分钟
集体讨论：信仰和价值观	15 分钟
共计	50 ~ 65 分钟

使用说明

1. 提供笔和纸。
2. 向参与者简单解释社会责任及促使其成为重要职业品质的原因。
3. 分发“真诚评价他人”的材料。
4. 要求参与者两人一组，完成材料步骤 1 ~ 步骤 3。每步 10 ~ 15 分钟，包括短暂的讨论。
5. 步骤 4 要求团队一起工作，无须额外增加讨论时间。

“真诚评价他人”的材料

和同伴一起，关注并评价工作场所及与同事关系的积极方面。

步骤 1

首先，讨论这份任务的不寻常之处，分享你对在公司中完成此类奇特交流的看法和感受。

其次，每人列举对公司工作环境中最欣赏的三种因素，如办公环境舒服、宜人。这需要真心实意地欣赏，而非巧妙变相地回避这项训练活动所要求的不熟悉、可能感到不适的积极定位。换句话说，如“好吧，至少它闻起来没有下水道的气味”不是可接受的称赞，除非它上周的确如此，而最近公司刚刚解决了这个问题。

步骤 2

列举你赞赏高层管理者的两件实例。

步骤 3

首先，确定你真心赞赏团队或工作组内每位成员的一件事。

其次，列举你真心赞赏此训练活动中合作伙伴的哪些品质。有人向你表示称赞时，你只需回答“谢谢”。

步骤 4

一旦能够有意识地控制信念，改善态度就变得轻而易举。当关注态度、关注完成现实活动的过程时，控制情绪状态就变得轻而易举。当感到安全、乐观、受到尊敬时，管理行为就变得更加简单，有意识地支持、赞赏周围人就更容易。人们的努力开始在工作环境中产生良性循环。

团队共同讨论下列四种信念，以分析整个团队是否普遍接受这些信念。确定要分析实施这些信念可能付出的代价、产生的负面影响、引发的改变。一栏列出正面影响，另一栏列出负面影响。

1. 所有活着的人都拥有内在价值，并通过独特的方式分享他们的价值。
2. 投入更多的时间，关注他人得到的最低受益。
3. 尽量让他人感到他们比你知道的更机智。
4. 真心地称赞他们对你的帮助。（这意味着要长时间地关注对方，发现他们真正值得称赞之处。）

现在分别在两栏中填写四种信念，关注团队采纳这些信念的利弊。

正面影响	负面影响
1.	
2.	
3.	
4.	

在当天剩下的时间里尽量思考每个人的最佳表现，你会发现你的团队将逐渐发展壮大！

意外收获

管理情绪的小建议：遇见某人，与其进行目光接触，面带微笑，然后用友善的口吻表示欢迎。这要求你有意识地控制行为，有所改变，从而对你和他人的情绪状态产生积极影响。

EXERCISE 9.3

训练活动 9.3　个人利益与社会责任的平衡

目标

让参与者借此机会探索其作为社会人所体验的众多期望值和要求。

简要说明

60 分钟。

参与者探索曾经体验的社会期望的类型和数目，发现如何界定个人利益与社会责任达到平衡状态。

成效

洞悉人们作为社会人体验的不同压力和不同回报。

适用对象

- 常设团队。
- 独立团队。
- 一对一辅导。

导师能力

中级。

材料

- “个人利益与社会责任的平衡”的材料。
- 笔和纸。

预计时间

活动内容	预计所需时间
简介社会责任，分发材料	5 分钟
参与者阅读材料并回答问题	40 分钟
团队汇报总结	15 分钟
共计	60 分钟

使用说明

1. 分发笔、纸和“个人利益与社会责任的平衡”的材料。
2. 要求参与者阅读使用方法和问题，在空白处填写他们的答案。
3. 35 分钟后，告知大家，5 分钟后将展开集体讨论。
4. 最后的 15 分钟里，通过提问进行总结。

- 开始列举这些期望时，你有何发现？
- 在社会中，某些方面的期望是否比其他方面的期望更具体。例如，你如何知道社区对你的期望值？
- 讨论你对自己的期望时，你是否将收入、健康、地位、自我实现等纳入其中？

“个人利益与社会责任的平衡”的材料

从某种程度上讲，人们都在为不同社会群体的一些人物服务，每个群体对实现自我利益和社会责任的平衡的行为，都有着自己的期望值。鉴于这些相互矛盾的要求，你如何界定这两者达到平衡状态？

社会责任与人们服务范围的大小有关。你为谁而施展你的创造力、技能和努力？你是否正在努力进入公司管理层？你是否培养自己的行为，调整交流沟通能力，以实现合作团队的最佳业绩？回答下列问题，探索你对社会责任的信心和感受。

1. 为了公司（或参与者群），我应努力满足多少种不同的期望值？一定要考虑时间、技能、关系等因素。
2. 公司通过何种方式，期望我在工作中提高效率？
3. 在公司中，我的努力得到了哪些补偿和回报？

4. 为了家庭，我努力满足多少种不同的期望值？考虑情感、领导力、教育、纪律、品行等方面，以及财政、娱乐和营养等因素。从共同生活的家庭成员的角度，讨论这些期望值。

5. 在家庭中，我的付出得到了哪些回报？

6. 为了社团，我要努力满足多少种不同的期望值？考虑教堂或精神发展、学校、艺术、健康保健、法律实施、服务群体、政党、娱乐等不同组织和利益群体。

7. 在社团中，我的努力得到了哪些回报？

8. 为了自己，我努力满足多少种不同的期望值？如果我不是社会组织（如少年棒球联合会）的一分子，我不会感到或尝试满足那个领域的任何期望值，因此从某种程度上，自我利益在目前涉及的所有领域里都发挥着作用。相反，不要考虑外界附加给我的更多期望值，只考虑我能对我所处社会的每个领域做出多大贡献。

EXERCISE 9.4

训练活动 9.4　参与志愿活动

目标

认识志愿活动的意义，以及志愿活动如何对你人生的许多领域产生积极的影响。

简要说明

65 ~ 80 分钟及后续行动。

了解社会责任及其与情商的关系。参与者思考过去的志愿工作经历，考虑近期致力于新的志愿活动。运用本训练活动，帮助参与者确定志愿活动和公司业绩及个人全面发展之间的联系。要求采取系列行动。

成效

- 深入了解社会责任的重要意义。
- 从个人层面，通过参与志愿活动，认识这种经历与人生的许多不同领域息息相关。

适用对象

- 常设团队。
- 独立团队。
- 一对一辅导。

导师能力

初级。

材料

- 无。

预计时间

活动内容	预计所需时间
讨论社会责任对个人及公司为何至关重要，关注社会责任与志愿活动的联系	10 ~ 15 分钟
讨论个体参与志愿活动的方式	10 分钟
21 天致力于一项新的志愿活动	15 分钟
反思	10 分钟
21 天后反馈信息	20 ~ 30 分钟
共计	65 ~ 80 分钟

使用说明

1. 讨论社会责任及其对公司和个体至关重要的原因。关注社会责任与志愿活动的联系。参照本书第 2 部分有关这种技能的描述。

2. 如果个体现从事志愿活动，讨论他们目前参与志愿活动的方式。根据团队规模，可与参与者一对一讨论，也可整个团队或两人一组进行讨论。若以两人一组形式展开讨论，随后要集合大家，集体讨论关键点。

3. 要求个体全力以赴，发起一项新的志愿活动，并持续 21 天。

4. 21 天后，重新聚集，分享在这次活动中的体验，以及志愿活动对其与公司的联系产生的影响。讨论这次活动对个人的意义。

EXERCISE 10.1

训练活动 10　问题解决

训练活动 10.1　当问题升级为矛盾时

目标

理解，当问题升级为矛盾时，个体和团队运用情绪能力能够积极地促进问题解决。

简要说明

65 分钟。

首先，参与者评价他们曾经涉及的升级为矛盾的问题。他们从个体和团队层面界定在此情境下涉及的积极和消极情绪。在小规模团队中，他们思考 EQ-i 2.0 和 TESI 的个人技能，思考有效回应矛盾冲突的最有用技能。此外，还要花时间提前评估，培训师大约 30 分钟，参与者每人 30 分钟。（可以替代其他评测的不同技能。）

成效

- 意识到作为个体，在解决复杂矛盾和问题时，积极应用情绪的积极作用。
- 意识到作为团队，在解决复杂矛盾和问题时，积极应用情绪的积极作用。

适用对象

- 常设团队。

- 独立团队。
- 一对一辅导。

导师能力 ●

高级。

材料

- “当问题升级为矛盾时”的材料。
- 挂图纸张、画架和记号笔。
- 笔。
- 遮护胶带。

预计时间

活动内容	预计所需时间
讨论解决问题升级为矛盾的事例	15 分钟
分发附有 EQ-i 2.0 和 TESI 技能清单的材料，三人或四人一组在材料上画出重点	30 分钟
集合，整体讨论（可选项：提前要求参与者带来 EQ-i 2.0 和 TESI）	20 分钟（根据团队人数时间不定） 培训师 30 分钟； 参与者每人 30 分钟； 如果每位参与者得到一份 EQ-i 2.0 结果报告，每个人还需要 60 分钟
提示：运用任何一种评测都需要得到认定。你应考虑之前增加一小时对每个人的 EQ-i 结果进行汇报。确保每个人都知道他们将得到保密的 EQ-i 结果报告。	
共计	65 分钟

使用说明

1. 组织讨论，主题：由于没能有效避免或处理的问题而升级为矛盾的问题解决情境。

- 运用团队、集体或培训师的实际例子，指导参与者评价他们的事例，设法实现团队和个体层面的互动。
- 什么互动或事件导致问题升级为矛盾？

在问题解决过程中，所涉及的人如何在情感上与其他人沟通？他们如何消极地运用情绪？如何积极地运用情绪？

提示：不要让他们只讨论困难或消极情绪和行为。寻找解决问题的情绪认知、同理心、现实判断、乐观和其他有用的情绪参与等迹象。这是一个绝妙的机会，增强对构建情绪、情绪投入的积极作用的认识，因为如果不能熟练使用这些情绪参与，根本不能实现最终目标。你的参与者可能发现他们远比自己想象的更善于应用情绪，这可能赋予他们能量和信心，拓展自己的技能。

2. 认识到情绪、问题解决和矛盾解决，向他们展示 EQ-i 2.0 中列举的个人技能和 TESI 中列举的团队技能。要求他们思考有效解决问题需要哪些技能，特别是当问题升级为矛盾时。分发给他们“当问题升级为矛盾时”的材料，要求组成小组，界定有利于问题解决、矛盾化解需要的主要情商技能，要求他们解释选择每种技能的一到两个原因。给每组发一份挂图纸张和记号笔，要求他们在纸上写出答案，团队集合后向大家展示。（如果你在一对一辅导中运用这个训练，要求你的受训对象在材料上写出答案，然后向你解释。）

提示：你可以用其他评测法中的技能替代这个材料。

3. 全体集合，要求每个小组展示他们的想法，然后在集体面前进行讨论。提问，他们学会的哪些技能能够在下次遇到疑难问题解决或矛盾冲突时可以运用。

（**提示：**马希雅·休斯 2009 年撰写的题为“运用情商和社交商，构建团队矛盾解决能力”，讲述了可以用来解决团队矛盾的许多理念和策略。）

尽管可以举一个例子用来讲解相关的能力，但个体可能应用的能力包括：

- 问题解决；
- 自我肯定；
- 自我觉察；
- 坚定直率；
- 冲动控制；
- 同理心；
- 社会责任；
- 乐观；
- 灵活。

（可选项）为所有参与者进行 EQ-i 2.0 和 TESI 测试，为每位参与者安排其 EQ-i 2.0 结果汇报。可能的话，安排在此项练习之前，尽管它可以是一个后续行动。

“当问题升级为矛盾时”的材料

1. 思考下文罗列的 EQ-i 2.0 和 TESI 技能。界定有效解决问题，特别是升级为矛盾时，所必需的能力。注意个人和团队技能是如何影响每个人的。
    - 最少选择两项个人能力和两项团队能力。对于所选每项能力，给出一到两个原因，解释为什么应用此能力会恰到好处，有效实际。然后写出应用这项能力的一到两种方式。
2. 张贴你的挂图纸，准备向全体成员陈述你的回答。

EQ-i 2.0 能力

自我认识能力组合

自我肯定：准确地认识、理解和接受自己。
自我实现：努力实现个人目标，实现自己的潜在目标。
自我觉察：认识并理解个人的情绪，并向他人表达。

自我表达能力组合

情绪表达：以口头或非言语形式公开表达个人感觉。
坚定直率：有效、积极地表达个人情绪。
独立：自我独立，免于对他人的情感依赖。

人际能力组合

人际关系：构建有意义的亲密关系。
同理心：意识并理解他人的感受。
社会责任：认同并且成为社会团体中有责任心、乐于合作的成员。

决策能力组合

问题解决：解决个人和人际关系问题时有效运用你的情感。
现实判断：客观地判断某人的情感，运用外在现实进行评判。
冲动控制：有效、积极地控制冲动和强烈的情绪，包括愤怒。

压力管理能力组合

灵活：根据新的情境，适应和调整情绪。

抗压：有效、积极地管理压力和强烈的情绪。

乐观：乐观向上，看到生活阳光的一面。

快乐/幸福能力组合

快乐：整体来讲，对自己、他人和生活状态很满意，能够感受到满足感。这是所有情商的整体指标。

TESI 能力

团队归属：衡量每位成员对整个团队感受到的自豪程度，以及成员感受到的与团队的联系程度。

动机：衡量激发并维持出色、按时完成任务所必需的能力的团队内部资源。

情绪意识：衡量团队成员接受并重视其他成员的程度。

沟通：提供信息，了解团队成员如何聆听、鼓励参与、分享信息和讨论敏感问题。

抗压力：衡量团队是如何理解压力因素和压力强度影响团队成员和整个团队的。

冲突解决力：衡量团队乐于公开积极地参与矛盾解决，而无须任何回报的能力。

积极心态：衡量团队在一般状态下或有压力状态下的积极态度。

EXERCISE 10.2

训练活动 10.2 情绪影响决策制定

目标

理解情绪能够影响决策制定，并应用策略实现积极结果。

简要说明

45 分钟。

参与者讨论情绪对决策制定产生的影响，包括著名精神学家安东尼奥 ·达马西奥（Antonio Damasio）开展的研究。要求他们进行情境角色扮演，提出具体明确的问题，陈述决策制定时情绪发挥的作用。

成效

- 理解情绪对决策的影响。
- 练习运用引导问题管理情绪，形成积极有效的决策。

适用对象

- 常设团队。
- 独立团队。
- 一对一辅导。

导师能力

高级。

材料

- “情绪影响决策制定”的材料。

预计时间

活动内容	预计所需时间
讨论情绪对决策制定的影响	10 分钟
分发材料、评论问题	5 分钟
两人一组，角色扮演	15 分钟
总结汇报	15 分钟
共计	45 分钟

使用说明

1. 运用下列信息，讨论情绪对决策制定的影响。

在《寻找斯宾诺莎》(*Looking for Spinoza*）一书中，著名精神学家安东尼奥·达马西奥明确提出了决策制定和情商的相互关系。他写道，情绪对决策制定的影响有多方面，包括细微的和明显的，“现实的或不太现实的，所有这些都使情绪不仅在推理过程中发挥作用，而且起着不可替代的作用”。

根据达马西奥的观点：“生命中的每段经历都会产生一定程度的情绪，在社会和个人问题的联系中尤为明显。积极和消极情绪，以及随后的情绪成为我们社会经历的组成部分。”随着我们人生阅历的积累和丰富，我们梳理人生经历，包括就情绪和情感方面问题的解决方法的结果。然后，当我们制定促成未来结果的决策时，利用这个数据库。

2. 要求参与者分享他们关于情绪影响决策的看法和体验。你引导着他们构建个人认知。

3. 将“情绪影响决策制定”的材料分发给参与者，评论他们将要进行角色扮演的关键问题。

4. 按照角色选择，两人一组。给他们 6 分钟，然后交换角色，重新展开训练。

5. 全体集合，汇报各自习得。要求每个人承诺他们将运用这个流程的具体阶段。

“情绪影响决策制定”的材料

在下列角色扮演中，将两人一组体验一个问题情境。“领导者”意识到情绪对小角色的影响，他正在向“高级主管”介绍一个重大的情绪情境。因此，这位领导打算提出问题，帮助这位主管意识到他的情绪，实现积极的结果。与此同时，这位领导知道在讨论过程中，他将产生情绪反应，并打算意识到那些情绪，在讨论过程中合理地管理情绪。

牢记一点，领导者将在对话过程中提出下列问题。两人小组中，第一个问题由领导者向自己提出一个内部问题；第二个问题直接向主管提问。讨论过程中的某个时间点，向主管展示一个清单，讨论你正在运用这个清单展开更多信息的对话。

- 我有什么感受？你有什么感受？
- 我为什么有这种感受？你为什么有这种感受？
- 我希望有什么感受？我希望你有什么感受？
- 为实现我的目标，我能做什么？我能说什么？为了帮助你实现你的目标，我能做什么？我能说什么？

为促进成功，在这个流程中，上述任何问题都可以反复进行。

角色扮演

领导

作为团队领导者，你刚刚知道过去两个月你的团队一直在努力的项目已经被变更优先顺序成为清单的最后一项，你的团队现在要重新开始，努力开展一个新的项目。这个新项目的成功看似很难被衡量。你已经和你的高级主管约定时间会面，给他传达这个信息，制定新的工作努力方向。

高级主管

作为团队过去两个月开展的一个重要项目的最高级别主管，一周以来你很期待与领导的会面。领导刚刚提出最终约见的时间和沟通内容。当你到达会面地点时，你的领导实际上和你讨论了其他不同内容。注意你的感受、情绪有什么改变？如何改变？听到团队领导者提供的新信息，你是感到备受鼓舞？还是备受挫败？

一方面，你的领导将向你展示他认为将帮助你和团队实现更大成功的问题清单。另一方面，探索你是否可以运用这个模式帮助自己，使你的团队工作得更有效。

EXERCISE 10.3

训练活动 10.3 运用“团队大师解决模式”

目标

为参与者创造真实的情商问题解决体验，使其获得关于成功的真实反馈。

简要说明

65 ~ 85 分钟。

团队成员从各自分享的一个情境中选定一个问题，并全力解决。他们要按要求收集不同的信息，从而发现问题的本质，齐心协力解决问题。

高级版本： 促进者介绍第一个解决方案实施后所发生的一系列新变化。团队须针对出现的新问题拟订第二个应对方案。如此这般，流程反复四次，每次最多持续 15 分钟。

成效

- 体验真实的问题解决过程，获得真实的反馈。
- 进一步认识问题解决能力。
- 综合考虑问题的每个变量，在最后期限前完成任务。
- 提高问题解决能力。

适用对象

- 常设团队。

导师能力 ◐ ●

中级和高级。

材料

- “运用‘团队大师解决模式’”的材料。
- 导师使用的情境案例。
- 为参与者准备的问题情境。
- 计时器或钟表。
- 活页挂图和彩色记号笔。

预计时间

活动内容	预计所需时间
简单介绍问题解决能力	5 ~ 10 分钟
参与者阅读并讨论“团队大师解决模式”	10 分钟
对问题本质形成一般性假设	5 ~ 10 分钟
阅读情境案例，利用所得信息，共同运用“团队大师解决模式”	20 分钟
制订应对方案	15 分钟
汇报总结	10 ~ 20 分钟
共计	65 ~ 85 分钟

使用说明

1. 简单介绍问题解决能力。

2. 分发“运用‘团队大师解决模式’”的材料，阅读并讨论该模式。

3. 分发问题情境表（导师事先已备好）。参与者得到相同的问题背景陈述，但分别得到不同的问题信息，从而营造了迷宫效应，使得团队必须通力合作才能通盘了解整个问题。若团队规模过大，可分小组进行，让不同的小组解决相同的问题。导师应事先撰写好问题情境。“使用说明”最后部分列出了案例。认真思考这个情境，确保你了解将运用此流程解决的问题类型。

4. 指导参与者阅读各自的材料，要求他们依据各自获得的信息，共同解决问题。指导参与者针对问题的整体性质形成集体假设。

5. 指导大家同心协力，运用所得信息，结合“团队大师解决模式”，最终形成详尽具体的问题模式。该流程严格控制在 20 分钟内完成。

6. 依据这个模式，让团队在 15 分钟内完成并向你汇报解决方案。若在要求时间内未能制订解决方案将酿造致命的危机（导师假想的与团队的特定问题情境相关的后果，如买方撤盘、飞机驶离而他们还未登机等）。解决方法必须直接反映运用这个模式的各个步骤。

7. 汇报总结该流程。可提出下列问题引发讨论。

- 如何综合所有事实全面了解整个问题？
- 当深入了解有利于制订出色解决方案的因素时，采取了什么流程？有什么体验？
- 严格的时间规定有什么影响？若要在严格的时间规定内完成任务，这种影响会造成什么后果？对于既能满足时间要求又能保持创造力和智慧力，你有什么建议？

情境案例

导师提示：创建问题列表时，每张表的最上端应当包括同样的情境描述。不过，每张表的底部应包括不同的角色描述，只有扮演此角色的人才能获得这个信息。

要想成功完成此项训练活动，必须运用真实情境，选择与团队成员全力攻克的问题相近的情境。下文列举的案例适用于在“希望和幸福”城市的员工。若你的团队属于另一类型，你必须创建更为相关的问题情境。

在这个案例中，“欧帝咖啡厅”（Cozy Coffee）与“国家大亨”（National Biggie）竞争的信息将出现在每张材料的顶部。

“欧帝咖啡厅”与“国家大亨”

情境描述：团队的服务对象是“希望和幸福”城市。尽管城市的名字积极向上，寄托了领导者高涨的激情和乐观的心态，但城市的税基一直处于滑坡状态。实际上，这是一个波动起伏的问题。城市看似运行良好，但表象往往带有欺骗性。城市努力挣扎着保持美好的表象。现在，城市有望在“大道”旁增设店面，但很多市民反对像现在这样，引入一个国产品牌的专营店。规划与分区部门的团队正在开会讨论这个问题，试图运用领导力制止纷争，达成共识，为城市发展起到积极的推动作用。

每位工作人员都将关注一个特定群体的动态变化和立场态度（欧帝咖啡厅、国家大亨、邻居团体、大学生、市中心的其他公司和商会或市议会）。现在，大家聚在一起，了解不同的观点和解决方法，最终市议会能够提供重要的领导执行力。“国家大亨”希望获得区域规划特许权，改造店面以满足城市的首选规划，但即使没有获得特许权，他们也能完成这个目标。因此，城市拥有的唯一明确的控制力就是部长决定是否给予这家全国连锁的专营咖啡店所需的特许权。本团队包括规划部门的员工，他们与下列描述的不同团队都有过接洽。

导师提示：每张材料的底部将包括下列角色的描述，每位成员得到不同的材料。

“欧帝咖啡厅”

30 年来，“欧帝咖啡厅”是一家一直竭诚为社区服务的咖啡店和熟食店。当地人都到那里消费。大学生们喜欢那里，他们晚上聚在那里讨论问题。你和爱人周日早晨喜欢溜达到那里边吃着羊角面包、喝着咖啡，边看报纸。他们已开始讨论扩建和增设网吧，但现在由于担心街尾那家大型连锁店的影响，这个计划搁置了。他们听说一家国家连锁店要进驻此地，会对区域性公司产生严重的影响，因而担心“欧帝咖啡厅”会被挤得没有生意。他们认为这还只是咖啡店衰败的开始，因此他们肯定不赞成城市允许“国家大亨”入驻。城镇还有没有权力保护地方特色呢？作为地方政府规划团队的一员，你可以代表他们提出一些建议。

“国家大亨”

你已经和来自“国家大亨”的代表洽谈过，发现他们迫切希望在市中心开设一家店铺。店址已选好，准备签订经营权授权合同。他们认为实现这个目标易如反掌。市民的反对意见令其反感，但他们不想对此采取任何应对措施。毕竟，“国家大亨”通常不愿花时间与社区构建关系。你知道，这种态度会产生巨大的不良影响，但你不清楚找这家规模巨大但负责外界沟通的公司中的哪位领导交流此事。

社区团体

一个名为“强烈辩护”的社区团体已经和你接触过，他们极力抗议对漂亮小镇的魅力和特色造成的潜在影响。他们要求你也对此持反对意见。他们肯定，作为规划部门的一分子，你应当帮助他们。你也希望如此，但要做到公正。他们辩论说，如果这家连锁店入驻，许多本土化经营的公司必将陷入困境，受到波及的不仅是“欧帝咖啡厅”，因此他们竭力反对。你也认为他们的观点确凿有理。

大学生

附近大学的学生们往往在课前、课间和课后聚在“欧帝咖啡厅”。他们的消费并不高，也许只是消费一点儿以占个座位。你已与这群热情高涨的学生们见过面，担心他们是会结成组织有序的力量，还是会造成混乱伤亡的局面。而且，你的两个孩子也上了这所大学。他们也反对你，认为让国家连锁店侵占星球上的最后一片净土是错误的决定。这是一个温馨惬意、漂亮宜人的社区，学生们坦言，他们不会袖手旁观地看着它被毁掉。你已听说他们要在议会听证会上进行抗议，试图发动全国范围内的大学生以联合抵制这家连锁店。你知道，校园里现在对此话题很敏感，学生的言论具有很强的煽动性。小规模的私立学校的确有许多财力支持者。

市中心的其他公司和商会

市中心的其他公司和商会代表因此数落过你。他们的团队虽然规模不大，但很激进，他们决心让小城变成理想中的那样。他们厌烦了起伏不定的税基，不满不景气的商业。他们认为，国家连锁店的介入可以引领经济的繁荣发展。有什么可争辩的？让“国家大亨”入驻即可。和你交谈的商人们希望你与规划的分区部门的决策者沟通以保证做出正确的决定。他们说，经济发展至关重要，否则城镇不是萎缩就是消亡。

部门负责人

这是一个棘手且复杂的问题。市议会因是否同意新咖啡店入驻而四分五裂，意见不一。一半人希望把这个社区建设成新型的进步城市，另一半人则希望保持长久以来的温馨社区。有的议员对谁应当做出决定感到困惑。你应与其一起帮助他们梳理各自的权限。

“运用‘团队大师解决模式’”的材料

1. 构建你对问题的最佳理解。

- 决定你尤其希望已发生了什么事情。
- 仔细观察正在发生的事情。
- 注意问题出现在这个发展过程中的哪些点上。

2. 根据上述描述，具体体会解决方案在感觉上的体现。

- 当问题得以解决时，人们会……
  - **看到什么：**（稳定的顾客群、笑脸等）
  - **听到什么：**（熟悉的声音打电话预订长期合作的订单、工作场所中乐观的评价和快乐的声音）
  - **感觉到什么：**（到达工作场所时，安全、受人欢迎）
  - **理解了什么：**（人际关系对工作效率至关重要）

3. 确定现在阻止实现预期结果的因素。

4. 规定恰当的时间限定，集思广益，尽量写出更多的解决方案。

5. 分析和评测备选方案，进行排序，注意每种方案潜在的利与弊，选出最佳方案。

6. 确保最佳方案能够产生所描述的感觉体验；否则，需要进行调整。

7. 制订已选的解决方案，认真监控事态的发展。

8. 若尚未实现预期结果，提供新的数据信息，再次运行上述流程。

EXERCISE 10.4

训练活动 10.4 双赢谈判

目标

应用双赢谈判的重要标准，形成良好的问题解决能力。

简要说明

60 分钟。

团队探索实现双赢谈判的四个标准，并在角色扮演活动中加以应用。

成效

- 学会有效谈判的四个标准。
- 识别有效问题解决中可以应用的四个标准的多种方法，不论是否处于谈判场合。

适用对象

- 常设团队。
- 独立团队。

导师能力

中级。

材料

- “双赢谈判”的材料。

预计时间

活动内容	预计所需时间
讨论问题解决和谈判之间的关系，分析四个核心标准	30 分钟
分角色扮演，并应用这些标准	20 分钟
总结汇报	10 分钟
共计	60 分钟

使用说明

1. 帮助团队理解问题解决和谈判之间的密切联系。费希尔和尤里合著的《谈判力》一书提供了高超的问题解决技能的典型范例。作者强调以利益为基础的交易，并将核心技能分为四个方面。

- 把人与问题分开。
- 关注利益而非立场。
- 拓展选择。
- 形成标准。

集体讨论上述标准，并提出问题解决策略的范例。这个策略何时奏效？何时无效？该策略需要运用这些技能吗？

2. 两人一组，分发“双赢谈判”的材料。

3. 两人一组扮演“双赢谈判”的材料中的问题情境，并运用四个标准。可能的话，导师可改变情境描述，使之成为参与者更可能遇到的问题。

4. 集体讨论角色扮演及四个标准的应用。思考：解决问题时，参与者遵循这些标准的重要意义。

“双赢谈判”的材料

在下列角色扮演中，尽量运用《谈判力》中提出的解决问题的四个标准。

- 把人与问题分开。
- 关注利益而非立场。
- 拓展选择。
- 形成标准。

情境描述

甲是老板，乙是员工。乙要求得到5%的涨薪。甲愿意给其涨薪，但颇感不悦，因为他觉得这个问题不应由员工先提出。此外，鉴于公司盈利状况，此时不适宜给员工加薪。员工认为，近两年他给公司带来的参与者最多。乙真的很热爱公司，但他的孩子马上就要上大学了，他需要赚更多的钱。

双方愿意完美地解决这个问题，但都不愿做出让步，至少不愿最先做出退让，同时他们对问题解决既充满希望又惴惴不安。

EXERCISE 10.5

训练活动 10.5 “全脑思维和行为测评问题解决”模式

目标

提供综合运用四种重要思维能力的问题解决方案。

简要说明

60 ~ 165 分钟。

运用“全脑思维和行为测评问题解决”模式，参与者解决目前要全力解决的现实问题。

成效

- 扩展问题解决方法。
- 深入了解问题解决能力。
- 深刻理解思维风格。

适用对象

- 常设团队。
- 独立团队。
- 一对一辅导。

导师能力 ◑ ●

中级和高级。

材料

- “‘全脑思维和行为测评问题解决’模式”的材料。
- 活页挂图和记号笔。

预计时间

活动内容	预计所需时间
界定要解决的问题	20 分钟
讨论“全脑思维和行为测评问题解决”模式	10 分钟
运用该模式设计解决方法	15 ~ 120 分钟
汇报总结	15 分钟
共计	60 ~ 165 分钟

使用说明

1. 要求参与者确定团队或工作中目标实现过程中面临的一些问题，并在活页挂图中列出问题。

2. 要求他们选择其中一个问题，在此部分进行解决。

3. 提问：“我们为什么认为它是一个问题？”“有什么暗示？”在活页挂图上写出他们的回答。

4. 分发“‘全脑思维和行为测评问题解决’模式”的材料，要求参与者在 10 分钟内阅读“全脑思维和行为测评问题解决”模式。

5. 讨论“全脑思维和行为测评问题解决”模式。

- 讨论思维模式：概念的、分析的、结构的和社交的。
- 讨论不同的行为如何影响团队的发展和任务分配。

6. 按照概念的（概念和想法）、分析的（策略和逻辑）、结构的（控制和现状）和社交的（人和关系）等思维模式的顺序，分析思维特质对每个模式发挥的作用，讨论问题的解决方法，并将这些想法写在活页挂图上。

- 要求参与者利用概念思维思考解决问题的方法。他们的行为将指引其完成这项工作。
- 要求参与者利用分析、结构和社交等思维模式评估潜在的解决方法。
- 选择最佳解决方案，形成实施步骤。

7. 某些情况下，需要两期辅导方能制订解决方案。要求参与者在辅导间隔期内完成任务。例如：

- 市场调查。
- 费用调查。
- 寻求政治地位显著的人支持此解决方案。坚定直率能力决定着此项工作如何开展，谁来完成这项工作。

8. 汇报总结，提问：

- 综合运用该模式的七种不同能力后，你发现发生了哪些改变？你认为哪些改变促使你找到最佳解决方案？
- 这个模式是否全面解决了这个问题？
- 如何将这七种能力应用到工作或个人生活中？

9.（可选项）基于整个团队运用模式中的概念思维模式，集思广益思考解决问题的方法。然后按照分析模式、结构模式和社交模式，将团队分成三个团队。要求每个团队运用指定的思维特质评价潜在解决方法。每个团队准备一个活页挂图讲演，与大家分享。全体集合，要求各团队分别汇报。选择最佳答案，设计实施步骤。

“‘全脑思维和行为测评问题解决’模式”的材料

本材料简述“全脑思维和行为测评问题解决”模式的七个构成要素：概念的、分析的、结构的、社交的、表达表现、坚定直率、灵活机动。

思维特质

概念的——概念和想法（集体研讨解决方案）

- 成功解决这个局面的理想状况是什么？
- 如何做到不仅解决问题，而且改善境况，以免再次出现同一问题？
- 若打算重新开始，没有任何限制或界限，我们将怎么做？

分析的——策略和逻辑（评价提出的解决方案）

- 它是否能解决问题？
- 战略性价值是什么？
- 收益是什么？
- 代价是什么？
- 我们如何研究这种方法？我们收集什么数据信息？
- 我们的分析是否充分？

结构的——控制和现状（评价提出的解决方案）

- 谁具有控制权？
- 时间限定是什么？
- 它是否让我们离开安逸范围？
- 它会不会给我们带来太多的变化？
- 它具有什么规则和指导方针？
- 实施流程是什么？

社交的——人和关系（评价提出的解决方案）

- 涉及哪些人？
- 参与人力是否充足？
- 参与人力是否得当？
- 他人将会受到什么影响？

行为特质

行为特质以 1/3、2/3、3/3 的形式，表明连续行为中该行为发生的可能性。1/3 是指一个人表现此行为的可能性较小。2/3 是指此人适当地表现此行为，3/3 是指此人明确、坚定地表现此行为。

表达表现——人们向他人和其周围世界表现的社交兴趣

1/3　安静地、沉默寡言地、更多地享受与事物（而非人类）的沟通。

3/3　易与他人合作，善于表达情感。

坚定直率——表达思想、感受和信念所投入的精力

1/3　被动地接受，不愿表达观点。

3/3　喜欢快节奏，强烈希望说服他人相信一个观点。

灵活机动——乐于适应他人的想法和行动

1/3　喜欢保持不变的环境，支持现状。

3/3　轻松应对局势不甚明朗的问题，公开接受他人的建议。

EXERCISE 11.1

训练活动 11　现实判断

训练活动 11.1　政治理解力

目标

了解什么是政治理解力，它为什么重要，如何应用政治理解力。

简要说明

40 分钟。

步步深入，让参与者界定政治理解力的内涵，意识到它的重要性，并选择一种语境应用这种能力。

成效

- 理解政治理解力的内涵以及应用方式。
- 选择一种有助于应用这种能力的情境。

适用对象

- 常设团队。
- 独立团队。
- 一对一辅导。

导师能力 ◐

中级。

材料

- 挂纸白板、支架和记号笔。

- 笔和纸。

预计时间

活动内容	预计所需时间
界定政治理解力的定义，探究哪些情境运用政治理解力，如何应用	20 分钟
两人一组，讨论各种技能的应用，最后集体汇报总结	20 分钟
共计	40 分钟

使用说明

1. 提问政治理解力的内涵，并在挂纸白板上写出关键词。政治理解力的定义因人而异，因为大家的具体情况不同。美国联邦政府高级执行官给出了这样的定义：

政治理解力是指能够识别对组织工作产生影响的内部和外部政治观念。洞察组织和政治现实，并据此采取相应的行动。

2. 指导参与者认识到，政治理解力是现实判断的重要组成。本书第 2 章是这样描述现实判断的：现实判断能够界定我们对周围现实发生的事情的识别程度。我们学会了运用欲望、恐惧和曲解来解释和粉饰自己的客观经历。为避免对现实体验形成错误的、完全消极或完全积极的认识，我们必须形成真实可靠的方法证实对实时情境的感受、认知和判断三者之间的客观联系。

通过声音进行现实判断，个体对正在发生的事情形成冷静、可靠的看法，关注下一步主要做什么，密切关注关键人物，通过共同努力最终实现战略性成功。

3. 要求参与者举例说明何时需要应用政治理解力。提示，尽管政治理解力往往被认为适用于工作场合，但在许多其他情境中它的作用也不容忽视。例如，倡导“地球日活动”“筹款行走”等社团活动或者政治集会等。在挂纸白板上写出主要想法。工作情境中运用政治理解力利于搭建同事关系，剖析老板为何优先考虑某个项目，或者发觉其机构在社区发挥的作用。

4. 分发纸张，要求各自写出需要应用政治理解力的三种情境，以及如何应用政治理解力。

5. 现在，探究什么是政治理解力。要求参与者说出构成政治理解力的因素，包括以下内容。

- 洞察内外部因素，探究多种相关因素，最终对问题形成清晰的认识，从而解决问题。
- 深度剖析此事件对关键人物或团队产生的隐含意义。切记，最先发现的往往都是表面现象，真正的危险隐含在它的背后。
- 关注实现预期成果的多种可选方案，并把可能发生的后果与可选方式联系起来一并考虑。

6. 要求参与者构建应用政治理解力的规则。例如：

- 牢记道德准则。
- 提问，认真聆听，理解真正的期望目标。
- 明细规则和期望目标。
- 搭建联盟，拓展能力和优势。
- 努力减弱事件的政治色彩，而非进一步激化其政治意味。
- 与能够指导你构建联系的人建立关系。
- 考虑这个事件的利益相关者，关注他们的需求和影响。
- 关注“热键”和“冷键”。

7. 要求参与者两人一组，明确他们需要应用政治理解力的领域，描述将如何在实际中应用政治理解力。全体集合，展开讨论并提出问题。

EXERCISE 11.2

训练活动 11.2　准确判断现实

目标

有助于明确如何准确地评判我们的体验与客观现实之间的对应关系。

简要说明

60 分钟。

团队成员共同确定在工作中对所有人具有挑战性的一种情境。每个人都将写出对这种情境的评价，并密切关注一系列具体因素。集体总结收集的所有信息。导师务必准确地描述而非评价参与者的行为，并提供相应的指导。

成效

- 提高每位参与者现实判断的能力。
- 提高团队对如何集体合作的认识。

适用对象

- 常设团队。
- 独立团队。

导师能力

中级。

材料

- “准确判断现实”的材料。
- 笔和纸。

预计时间

活动内容	预计所需时间
分析并详细写出评价结果	15 分钟
三人一组进行讨论	20 分钟
集体总结汇报	25 分钟
共计	60 分钟

使用说明

1. 团队成员共同选择工作中对所有人都具有挑战的情境。

2. 分发笔、纸和“准确判断现实”的材料。要求大家详细写出对该问题的评估，特别关注问题发生的最初时刻，界定激发因素、参与者对该局面的感受、对他们的意义及危险和机遇等。

3. 要求参与者三人一组（必要时，可有一个两人组），讨论各自对问题的评估。

4. 全体集合，汇报总结。首先，提问：

- 如果你进行更深入的现实判断，你可以出色地应对哪类局面？
- 你是否找到其他可以有效提高现实判断力的策略？能否与大家分享？

“准确判断现实”的材料

参与者单独回答下列问题，然后按要求进行团队讨论。

1. 描述大家愿意一同探讨的问题。你何时开始意识到这个问题？

2. 你最初是如何意识到这个问题的？通过认知还是情感判断，或综合运用两者？

3. 你具体看到了和听到了什么信息？你认为别人认为这是一个严重问题吗？

4. 你对自己的所见所闻有什么感受？

5. 谁（如果有的话）从问题的解决中有所得？谁有所失？得到了什么或失去了什么？这将产生何种激励作用？

6. 你能否提供何种证据支持你的分析？

7. 是否可以通过其他逻辑方法解释这个情境，无论这种方法是否看似可行？

8. 在工作场所或其他场所中，是否存在相似情境：你或其他团队成员是否曾经判断失误或评估错误？错在哪里？真实的情况是什么？后果是什么？

EXERCISE 11.3

训练活动 11.3　从他人角度了解现实

目标

学会如何通过他人的眼神了解情境，提高参与者现实判断的能力。

简要说明

40 ~ 45 分钟。

参与者思考生活中与他人产生的分歧（最好存在于当前境况），探索对方如何看待并处理现实，从而充分了解现实，挑战他人的观点。

成效

- 学会如何从不同的角度看待问题，接受别人的观点，从而进行现实判断。
- 加强自身的同理心和谈判技能。

适用对象

- 常设团队。
- 独立团队。
- 一对一辅导。

导师能力 ◯

初级。

材料

- “从他人角度了解现实”的材料。
- 笔和纸。

预计时间

活动内容	预计所需时间
填表	20 分钟
与同伴合作，试着为对方设身处地考虑问题	10 ~ 15 分钟
集体总结汇报	10 分钟
共计	40 ~ 45 分钟

使用说明

1. 分发“从他人角度了解现实”的材料、笔和纸。
2. 指导参与者用 20 分钟时间填写材料。
3. 两人一组，交换角色，先后扮演争论双方。
4. 全体集合，总结本次体验。可提问：

- 该流程是否帮助你加深对他人观点的认识？
- 该流程能否运用于其他场景？
- 你如何时刻提醒自己，加深对他人现状的理解？

5. 描述两人同时想要一个橘子的场景，列举双方在立场和利益上的差异。一个人想吃这个橘子，另一个人想用外皮烤饼干。这些便是他们各自的利益所在。

“从他人角度了解现实”的材料

思考生活中你与某人发生的一次争论。它可能发生在工作中，或者在你和朋友、家人之间，但它必须是你的现实体验。矛盾或许长期存在，现在并不凸显，但一旦触及这个话题，争论就会爆发。现在，你的大脑中已经想出了这样一个例子。

列举原因，说明你对现状的判断是正确的，他人是错误的。尽量具体详细些。

列举原因，说明他为什么说你是错误的，他是正确的。尽量做到准确、详尽。

尽量界定驱动他人的利益、目标、期望值和感性需求。利益不同于立场。立场即我们坚持自己必须快乐的显而易见的方法，而“利益”是指为真正解决问题而必须满足的更深刻的需求。人们通常关注立场，而从未真正理解自身的利益。然而，人们只要努力便能识别他们的利益，尽管这可能需要一位公平公正的人的指点。

一旦确定了他人的利益、理解了其驱动因素，就要站在对方角度思考针对该立场的最佳策略。写出能够反驳自己立场的最佳论证，描述这些论证为何正确有效、至关重要，值得你再三斟酌。

回过头来重新思考自己的利益。自身利益与他人的利益可能存在直接但未必明显的联系。什么目标、期望和感性需求一直驱动着他？比较你与他人的观点，共同之处是什么？对方哪里不切实际？你哪里不切实际？处于中立的第三方如何从“旁观者”角度理解这个情境？你如何通过这个训练活动提高对现实的认知？

EXERCISE 11.4

训练活动 11.4　运用“三脑”

目标

与大脑、心脑和腹脑沟通，提高现实判断的有效性和准确性。

简要说明

60 ~ 80 分钟。

与教练一对一练习，或在小规模团队中，个体回顾过去和现在做出的决策，发现运用“三脑”进行现实判断的重要性。本书列举了理解此种模式可轻松获得的参考资料。

成效

- 讨论“拥有三个不同的脑”的理念。“三脑”是指分别处于头部、心脏、腹部的大脑。
- 思考参与者在过去如何做出决策，以判断其是否运用“三脑”获取的信息联系整个现实画面。
- 学以致用，将此方法运用到未来的决策制定和现实判断之中。

适用对象

- 常设团队。
- 独立团队。
- 一对一辅导。

导师能力 ◑

- 中级。

材料

- “运用‘三脑’”的材料。
- 活页挂图和记号笔（可选择）。
- 钢笔。

预计时间

活动内容	预计所需时间
讨论运用“三脑”	10 ~ 15 分钟
两人或三人一组讨论原有的决策制定流程，然后交流如何运用“三脑”做出决策和现实判断，并写出学习收获	30 ~ 40 分钟
集体讨论	10 ~ 15 分钟
反思	10 分钟
共计	60 ~ 80 分钟

使用说明

1. 讨论“现实判断”的重要性，分析“三脑”提供的大量信息的重要性。“三脑”是指分处头部、心脏和腹部的大脑。

2. 分发“运用‘三脑’”的材料和钢笔。

3. 与参与者一对一练习，或参与者两人一组（如人数为基数，可三人一组），让其按照材料要求展开训练活动。

4. 集体讨论，要求个体分享他们在这次训练活动中的收获。

“运用‘三脑’”的材料

两人或三人一组

1. 个体分别叙述一段艰难做出决定的经历。你采取了哪些步骤判断现实发生的事情？回想做出决定的细节。事情本身对这个训练活动并不重要，尽管你会对此展开一些讨论。重要的是你的决策过程。你用多长时间思考这个问题？为什么？你当时有什么感受？你想了什么？你是否考虑了过去和未来的事情？做出决定前，你是否运用头脑、心脑和腹脑分析了所有细节？若如此，你得出了什么不同的答案？你如何做出决定？

2. 描述了你的故事后，用 5 分钟时间，写出你观察到的一切。

3. 同组中，要求成员描述一个悬而未决的重要问题。提出自己上面讨论的所有问题。注意，每个脑都给你提供了什么信息。回答如下：

- “头脑”告诉我（提供细节）……
- “心脑”引导我……
- “腹脑”让我知道……

你如何把这三部分信息综合起来？

4. 每位成员单独大声回答这些问题，然后，用 5 分钟时间写出你观察到的一切。

团队

反思你学到了什么，以及决策过程中你将如何汲取脑力提供的所有才智。

EXERCISE 12.1

训练活动 12　冲动控制

训练活动 12.1　缓和冲动的方法

目标

知道什么因素导致了冲动，学会如何积极应对压力。

简要说明

20 分钟。

本训练活动可以更深入地理解人们为什么冲动行事，并提供一种简单的方法让你采取冲动行为之前，马上停止。

成效

- 理解导致冲动的原因。
- 学会缓和冲动的具体方法。

适用对象

- 常设团队。
- 独立团队。
- 一对一辅导。

导师能力 ○

初级。

材料

- “缓和冲动”的材料。

- 笔和纸。

预计时间

活动内容	预计所需时间
讨论冲动控制	10 分钟
体验“三步走”训练活动	10 分钟
共计	20 分钟

使用说明

1. 分发“缓和冲动”的材料，和参与者讨论如何控制冲动。这个环节可参照材料第 1 部分。

2. 指导参与者体验材料介绍的“三步走”流程。

“缓和冲动”的材料

冲动控制

冲动控制有时被称为情商的“刹车”，因为这种技能可以制止人们做出不该做的行为。理解最初驱动人们采取行为的原因是控制冲动的最关键能力。从人性的最基础层面——生物性上讲，人类更像计算机，硬件在软件控制下操作运行。身体上的所有结构、所有组织和器官系统组成了硬件。这些硬件在两种软件的操作下运行。操作系统和引导磁盘指令对个体的作用多少有所不同。在遗传因素影响下，形成反射、本能和驱动力等。眨眼、肌肉收缩，痛苦、惊讶或恐惧时，我们喘息或放声大哭；寒冷时，人们浑身颤抖。这是反射作用的例子。为满足生理需求或进化需求，人类在本能或驱动力的作用下，吃、喝、保暖和繁衍后代。

人们一出生，这些指令要么已经运行，要么随着人们呱呱落地开始运行。随后，更复杂、更重要的程序开始运行。人们的个人软件开发项目题目为：“学会如何生存。”当然，这包括学会走路、讲话、意志等基本技能。还包括学会什么至关重要，追求什么，回避什么，以及努力获得或避免的适宜行为。牢记，情绪就是价值观的体现，即价值象征和传递的情绪。对于儿童，学习分享的重要意义在于当你希望得到某事物时，控制占有的冲动，这样才能真正享受它。一些人永远学不会这一点。

体验

这个训练可以让你在刚刚萌生冲动时，清楚自己的感觉系统。当你注意到促使你冲动行事的压力和紧张逐渐增强时，注意做到下列三步：

- 第一，把把情绪脉搏！按照下列模式填空："我感到______________，因为______________。"
- 第二，用鼻子深吸气，然后用嘴巴大口呼气，尽可能长时间地用嘴呼气。随着肺部氧气越来越少，横膈膜会有意识地更努力地保持呼气。这就对了！不断温和地按压胸腔，直到你感到肺部完全没有氧气，必须吸气。用鼻子吸气，自由轻松地呼吸。
- 第三，扪心自问："这种情况下，可能发生的最佳结果是什么？"你想到了什么。

把情绪脉让你形成一些现实判断：你理解了自己的感受和产生这种感受的原因。深吸气，完全呼气干扰了激化和导致冲动释放的生理动力。三思而行让你的注意力再次摆脱冲动情绪，帮助你关注最理想的结果。尽管可能无法得到最佳解决方法，这样做也能让你发现你所忽略的选择，至少你可能不会像以前那样做出过激反应。

EXERCISE 12.2

训练活动 12.2　冲动产生的影响

目标

以全新的视角，审视冲动产生的影响，展现冲动性驱力如何产生恶果。

简要说明

43 ~ 60 分钟。

运用莎士比亚悲剧《李尔王》，列举冲动行为产生的负面影响。团队成员集体扮演《李尔王》第一场第一幕的部分情节。确定并讨论冲动行为的后续影响。

成效

- 分析虚构的历史故事，重新认识冲动行为。
- 深刻认识冲动行为的影响。
- 利用所学技能，提高冲动控制力。

适用对象

- 常设团队。
- 独立团队。

导师能力 ◑ ●

中级和高级。

材料

- 《李尔王》综述（见使用说明第 2 条）。
- "《李尔王》第一场第一幕"的材料。

- “冲动产生的影响”的材料。
- 钢笔。

预计时间

活动内容	预计所需时间
故事情境介绍	3 ~ 5 分钟
阅读短片《李尔王》第一场第一幕内容	15 ~ 20 分钟
汇报总结	25 ~ 35 分钟
共计	43 ~ 60 分钟

使用说明

1. 指定六个人阅读《李尔王》(*King Lear*) 第一场第一幕（从最初关于李尔王的描述一直到肯特被驱逐后进行的辞别)。该幕有四位男主人公:李尔王、肯特伯爵、奥本尼、康华尔；三位女主人公：高纳里尔、考狄利娅、里根。

2. 综述《李尔王》第一场第一幕的情节。

- 李尔王已年过 80 岁，身体看似强健。
- 李尔王已步入垂老之年，决定划分国土，以免死后发生领土纷争。
- 李尔王决定将国土分为三份，三个女儿（高纳里尔、考狄利娅、里根）一人一份。李尔王还绘制了领土划分的地图。
- 他没有坚守计划，而宣布，哪个女儿对他的爱最强烈，谁将得到最大的一份。
- 他期望小女儿考狄利娅能够赢得比赛。
- 考狄利娅是他最喜欢的女儿，她真心爱父亲。
- 其余两个女儿投机取巧、自私自利。
- 然而，他未能如愿，结果事与愿违。
    - 大女儿和二女儿撒了弥天大谎，口口声称对父亲的爱深如大海。
    - 考狄利娅被姐姐们的虚伪所蒙蔽，决定不参与这次愚蠢的比赛。
- 李尔王剥夺了考狄利娅的继承权，将国土分给了高纳里尔和里根。
- 李尔王最信任的军师肯特伯爵对李尔王忠心耿耿。
- 肯特告诉李尔王他有一个“丑陋的鲁莽行为”，并试图干预他这么做。
- 由于肯特不赞成李尔王的决定，李尔王将肯特逐出王国。
- 李尔王本该听从肯特的建议。

- “剥夺考狄利娅的继承权，李尔王的悲剧上演了：承诺对他的爱永恒不变的女儿们，剥夺了他的权力，赶走了他的随从。李尔王疯了。故事最后，李尔王只剩下考狄利娅和肯特对他的爱。”

3. 分发“《李尔王》第一场第一幕”的材料，分角色朗读。
4. 总结汇报，表明下列观点，回答下列问题：

- 李尔王处于异常激动的情绪状态。他对考狄利娅的回答非常失望。肯特对李尔王的行为反应强烈。
- 李尔王的行为是冲动之举吗？
  - **回答：**是的，根据“愚蠢的表面承诺”划分领土，而放弃将国土平分三份的最初计划，是一个冲动之举。
- 考狄利娅决定不理父亲的要求是不是冲动之举（冲动之下，希望与姐姐们形成鲜明的对比）？
  - **回答：**这是一个棘手的问题，因为团队的讨论可能偏离主题，转而讨论道德观。有人可能认为考狄利娅真实地回答李尔王的要求是道德观问题：（1）她不想支持姐姐们的虚伪而表现得她们的陈述具有可信度；（2）她不想支持姐姐们鲁莽甚至不道德的行为而参与这个虚情假意的游戏。
- 肯特对李尔王的评价是权衡再三的言论，还是仓促之举？
  - **回答：**仓促之举。他称李尔王的行为是“丑陋的鲁莽行为”。未经慎重考虑他便对李尔王发表意见。他的反应过于激动，运用了具有煽动性的语言。
- 肯特当时进行干预是不是冲动行为？
  - **回答：**许多学者和管理顾问认为他的行为过于冲动。
- 你会建议肯特如何做出回应？他应选择何种时机这么做？他应该说什么？

5. 要求团队成员分享生活中的事例，举例说明他们由于表现冲动而未采取更慎重、更具策略性的方法。

6. 提问：大家从李尔王和肯特的行为中吸取了什么经验教训？

7. 分发钢笔和“冲动产生的影响”的材料。要求参与者回答问题，并记录与其行为产生共鸣的教训、经验和获得的顿悟。

“《李尔王》第一场第一幕”的材料

李尔王：

现在，我要向你们说明我的心事。把那张地图给我。告诉你们吧，我已经把我的国土划成三份。我已经老了，决心摆脱一切事务的牵绊，把重任交给年轻力壮之人，让自己放松放松，好安安心心地等死。康华尔贤婿，还有我心爱的奥本尼贤婿，为了预防他日的争执，我想趁现在把我几个女儿的嫁妆当众分配清楚。法兰西和勃艮第两位君主正在追求我的小女儿，他们为了求婚而住在我们宫廷里，也已经有好多时候了，现在他们就可以得到答复。孩子们，在我还没有把我的政权、领土和国事的重任全部放弃以前，告诉我，你们中间哪个人最爱我？我要看看谁最有孝心，最有贤德，我就给她最大的恩惠。高纳里尔，我的大女儿，你先说。

高纳里尔：

父亲，我对您的爱，不是用言语所能表达的；我爱您胜过爱自己的眼睛、整个的空间和广大的自由；超越一切可以估价的贵重稀有的事物；不亚于赋有淑德、健康、美貌和荣誉的生命；不曾有一个儿女这样爱过他的父亲，也不曾有一个父亲这样被他的儿女所爱；这一种爱可以使唇舌无能为力，辩才失去效用；我爱您是不可以数量计算的。

考狄利娅：

（旁白）考狄利娅应该怎么做好呢？默默地爱着吧。

李尔王：

在这些疆界以内，从这一条界线起，直到那一条界线为止，所有一切浓密的森林、膏腴的平原、富庶的河流、广大的牧场，都要奉你为它们的女主人；这一块土地永远为你和奥本尼的子孙所保有。我的二女儿，最亲爱的里根，康华尔的夫人，你怎么说？

里根：

我跟姐姐具有同样的品质，您凭着她就可以判断我。在我的内心中，我觉得她刚才所说的话，正是我爱您的实际情形，可是她还不能充分说明我的心理：我厌弃一切凡是敏锐的知觉所能感受到的快乐，只有爱您才是我无上的幸福。

考狄利娅：

（旁白）那么，考狄利娅，你只好自安于贫穷了！可是我并不贫穷，因为我深信我的爱心比我的口才更富有。

李尔王：

这一块从我们这美好的王国中划分出来的1/3的沃壤，是你和你的子孙永远世袭的产业，和高纳里尔所得到的那份同样广大、同样富庶，也同样佳美。现在，我的宝贝，虽然是最后一个，却并非最不在我的心头；法兰西的葡萄和勃艮第的乳酪都在竞争你的青春之爱；你有些什么话，可以换到一份比你的两个姐姐更富庶的土地呢？说吧。

考狄利娅：

父亲，我没有话说。

李尔王：

没有？

考狄利娅：

没有。

李尔王：

没有只能换到没有：重新说。

考狄利娅：

我是个笨拙的人，不会把我的心涌上我的嘴里；我爱您只是按照我的名分，一分不多，一分不少。

李尔王：

怎么，考狄利娅！把你的话修正修正，否则你要毁掉你自己的命运了。

考狄利娅：

父亲，您生下我，把我养大成人，爱惜我、厚待我。我受到您这样的恩德，只有恪尽我的责任，服从您、爱您、敬重您。我的姐姐们要用她们全部身心来爱您，那么她们为什么要嫁人呢？要是我有一天出嫁了，接受我忠诚誓约的丈夫，将要得到我的一半爱、一半关心和责任。假如我只爱我的父亲，我一定不会像我的两个姐姐一样再去嫁人的。

李尔王：

你这些话是从心里说出来的吗？

考狄利娅：

是的，父亲。

李尔王：

年纪这样小，却这样没有良心吗？

考狄利娅：

父亲，我年纪虽小，我的心却是忠实的。

李尔王：

好，那么让你的忠实做你的嫁妆吧。凭着太阳神圣的光辉，凭着黑夜的神秘，凭着主宰人类生死的星球的运行，我发誓从现在起，永远和你断绝一切父女之情和血缘亲属的关系，把你当作一个路人看待。啖食自己儿女的生番，比起你，我的旧日的女儿来，也不会更令我憎恨。

肯特：

陛下——

李尔王：

闭嘴，肯特！不要来揭怒龙的逆鳞。她是我最爱的一个，我本来想要在她的殷勤看护之下，终养我的天年。去，不要让我看见你的脸！让坟墓做我安息的眠床吧，我从此割断对她的天伦慈爱了！叫法兰西王来！都是死人吗？叫勃艮第来！康华尔、奥本尼，你们已经分到我的两个女儿的嫁妆，现在把我第三个女儿那一份也拿去分了吧；让骄傲——她自己所谓的坦白——替她找一个丈夫。我把我的威力、特权和一切君主的尊荣一起给了你们。我自己只保留一百名骑士，在你们两人的地方按月轮流居住，由你们负责供养。除了国王的名义和尊号以外，所有行政的大权、国库的收入和大小事务的处理，完全交在你们手里。为了证实我的话，两位贤婿，我赐给你们这一顶宝冠，归你们两人共同保有。

肯特：

尊严的李尔王，我一向敬重您像敬重我的君王一样，爱您像爱我的父亲一样，把您当作我的伟大恩主……

李尔王：

弓已经弯好拉满，你留心躲开箭锋吧。

肯特：

让它落下来吧，即使箭镞会刺进我的心里。李尔王发了疯，肯特也只好不顾礼貌了。你究竟要怎样，老头儿？你以为有权有位的人向谄媚者低头，尽忠守职的臣僚就不敢说话了吗？君主不顾自己的尊严，干下了愚蠢的事情，在朝的端人正士只好直言极谏。保留你的权力，仔细考虑一下你的举措，收回这种鲁莽的成命。你的小女儿并不是最不孝顺你；有的人不会口若悬河，说得天花乱坠，可并不就是无情无义。我的判断要是有错，你尽管取我的命。

李尔王：

肯特，你要是想活命，赶快闭住你的嘴。

肯特：

我的生命本来是预备向你的仇敌抛掷的；为了你的安全，我也不怕把它失去。

李尔王：

走开，不要让我看见你！

肯特：

瞧明白一些，李尔王。还是让我像箭垛上的红心一般永远站在你的眼前吧。

李尔王：

凭着阿波罗起誓……

肯特：

凭着阿波罗，老头儿，你向神明发誓也是没用的。

李尔王：

啊，可恶的奴才！（以手按剑）

奥本尼、康华尔：

陛下息怒。

肯特：

好，杀了你的医生，把你的恶病养得一天比一天厉害吧。赶快撤销你的分土授国的原议；否则只要我的喉舌尚在，我就要大声疾呼，告诉你，你做了错事啊。

李尔王：

听着，逆贼！你给我按照做臣子的道理，好生听着！你想要煽动我毁弃我的不容更改的誓言，凭着你的不法和跋扈，对我的命令和权力妄加阻挠，这种目无君上的态度，使我忍无可忍。为了维持王命的尊严，不能不给你应得的处分。我限你五天的时间，让你预备些应用的衣服食物，免得受饥寒的痛苦。在第六天早上，你那可憎的身体必须离开我的国境。要是在此后十天之内，我的领土上再发现你的踪迹，那时候就要把你当场处死。去！凭着朱庇特发誓，这一个判决是不可改变的。

肯特：

再会，国王。你既然不知悔改，囚笼里也没有自由存在。（向考狄利娅）

姑娘，自有神明为你照明！你心地纯洁，说话真诚！（向里根、高纳里尔）

愿你们的夸口变成实事，假树上会结下真的果子。各位王子，肯特从此远去；到新的国土走他的旧路。

“冲动产生的影响”的材料

1. 从《李尔王》中能吸取哪些经验和教训？
- 从李尔王处。
- 从肯特伯爵处。

2. 简述一段没有三思而后言的经历。

3. 什么因素让你引发冲动行为？它是你办事模式的一部分吗？以后你将如何控制自己的冲动？

EXERCISE 12.3

训练活动 12.3　冲动的动机和后果

目标

探索参与者做出冲动行为的动机和后果，制定新的解决方法。

简要说明

35～55 分钟。

参与者认真审视他们做出的冲动之举，确定自己何时、为什么做出冲动之举。分析，冲动之举会产生什么意料中和意料之外的后果。未来，如何能够采取不同表现？

成效

- 深度审视自身行为，提高认识。
- 全力培养更强的冲动控制力。
- 新的替代性行为。

适用对象

- 常设团队。
- 独立团队。
- 一对一辅导。

导师能力 ◑

中级。

材料

- “冲动的动机和后果”的材料。

● 钢笔。

预计时间

活动内容	预计所需时间
理念和训练活动介绍	5 分钟
完成 PCG ChangeNow™ 步骤	15 ~ 20 分钟
汇报总结	15 ~ 30 分钟
共计	35 ~ 55 分钟

使用说明

1. 简要介绍冲动控制理论。要求个体或团队列举有利的冲动行为。

- 回答示例：恰当表达愤怒，而不是积怨在心。
- 回答示例：逃离危险境况的冲动。

具体说明不利的冲动行为。

- 回答示例：在工作中，因为一个问题，与某人公开对立，而此时，等待最佳时机是更绝妙的解决方法。
- 回答示例：衣橱里的很多衣服你从来都不穿，但还是一个劲儿地买新衣服。
- 回答示例：因为吃得太多，导致体重猛增。

2. 解释，这项训练活动将帮助大家确定产生消极影响的冲动行为，寻找其他解决方法。

3. 分发“冲动的动机和后果”的材料和钢笔，点评 PCG ChangeNow™ 模式。该模式探索参与者在哪些方面由于冲动行为导致不甚满意的结果。这要求参与者分析行为发生的情境，讨论该行动如何发挥作用，并确定意料之外的后果。该模式要求参与者关注预期结果，集思广益构想新行为以助其实现预期结果，揭示阻碍成功的问题，最终提出克服问题的策略。

4. 要求参与者完成材料练习。

5. 通过提问，完成汇报总结。

- 审视该行为时你有什么感受？
- 你能否确定可获得的积极效果？
- 你对此有什么感受？
- 是利大于弊，还是弊大于利？

- 你能否跨越不利局面，实现预期结果？
- 你想到了哪些可以替代冲动行为的方法吗？
- 预知可能遇到的障碍。遇到障碍时，你将怎么做？

6. 若想提高该技能，观察并记录一周内发生的冲动行为。

- 记录每天产生冲动的次数，以及对此做出的反应。
- 一天中，每当发现自己从事着正确之事，便运用有效的抗压法奖励自己的成功。例如，祝贺自己，自言自语："我说要做到这点，我真的做到了。我太伟大了！我很遵守规则！我真了不起！"走到户外呼吸新鲜空气或轻松散步。

"冲动的动机和后果"的材料

PCG ChangeNow™ 模式

目前状况

1. 列举生活中，冲动导致愤怒、不悦、争论、逃避等不利结果的故事。

因素

2. 具体写出哪些冲动行为会引发上述结果。
3. 分析产生冲动行为的境况。

- 冲动遍及生活中的关键领域还是仅限于某些特定场合？
- 你是经常一触即发，随时对他人发怒吗？

目前的行为产生的有利影响

4. 确定冲动行为产生了哪些积极作用。

- 从中你得到什么？
- 它满足了什么需求、期望或习惯？

目前的行为引发的消极影响

5. 得到一时满足后，你遭到了哪些打击？

预期结果

6. 你真正希望得到什么短期或长期的影响？

创造新的方法

7. 集思广益，思考新方法，使之既能满足现行方法的积极意义又能实现尚未达到的预期结果。这些方法视具体情况或冲动而定。

实施新方法的障碍

8. 哪些旧有习惯、行为和意外会阻止你实施新方法，让你继续保持原有策略？

克服障碍的策略

9. 你如何克服障碍，抵制冲动？

EXERCISE 12.4

训练活动 12.4　难以控制的冲动行为

目标

帮助个体关注并改善自我控制力趋于屈从冲动性时所做出的反应。

简要说明

60 分钟。

参与者判断其是否更容易受到“接近”冲动或“逃避”冲动的刺激。学会关注自身的自动行为，讨论如何做出改变。此训练活动旨在让参与者选择提高其冲动控制力的情境，包括吸引他们的情境和激起其愤怒的情境。

成效

- 预知并克服无意识反应模式的影响。
- 理解“接近”和“逃避”反应的变化发展。

适用对象

- 常设团队。
- 独立团队。
- 一对一辅导。

导师能力

高级。

材料

- “难以控制的冲动行为”的材料。
- 笔和纸。

预计时间

活动内容	预计所需时间
阅读材料，思考你生活中冲动的表现形式	5 分钟
两人一组，解析生活中你愿意改变的冲动控制模式	20 分钟
制订“冲动控制”方案，同伴试图刺激旧有模式时启动方案	20 分钟
集体讨论训练活动中的收获	15 分钟
共计	60 分钟

使用说明

1. 分发笔、纸和“难以控制的冲动行为”的材料。
2. 要求参与者结对练习。
3. 要求参与者首先单独阅读材料，然后两人一组按要求展开练习。
4. 20 分钟后，提醒他们应开始制订“冲动控制”方案。
5. 15 分钟后，提醒他们还有 5 分钟。
6. 5 分钟后，团队汇报总结，提问：“什么使你对冲动的理解发生了改变？”

“难以控制的冲动行为”的材料

思考你最难以控制哪种类型的冲动。哪些冲动促使你接近期望得到的事物（食品、购物、酒精及其他形式的快感）？哪些冲动让你逃避你所排斥的事物（让你愤怒的行为、让你拖延的人和言论）？

一旦确定了最难以控制的冲动，选择一个能与同伴分享的事例。例如，你尽量有意识地控制自己的言行，但最终仍无法抑制冲动之举。确定，当你最初产生冲动、而后冲动控制力无效、最终还是冲动行事等关键时间点，你都产生了什么经历？

认真描述这个情境，特别强调触发你冲动感的系列事件。关注最常用的三种感觉：视觉、听觉和触觉。告诉同伴，当时你的所见、所闻、所感，以及冲动感萌动时你对自己说的话。

一旦同伴理解激发冲动行为的模式，他能“代表你的冲动与你进行辩论”，提醒你对多种不同环境的刺激做出的反应。

【例】同伴：“你看到货架上那件漂亮的外衣，走近它时，你逐渐感到兴奋不已。”

注意此时，你的身体对这种描述产生了何种反应。你会出现“接近”冲动的系列反应，它们与“逃避”冲动相关的反应截然不同。眼睛睁大、体温上升、流涎等，都是常见的“接近”冲动的反应。面部、下巴、小腹和双手等部位感到紧张，通常是“逃避”冲动的反应。自言自语通常是每种行为类型的反应，而心跳加快、面色通红通常是逃避和冲动两种冲动类型的反应。

现在，要求同伴提示，你在第二阶段冲动感逐渐提高、你准备行动时的具体表现。

【例】同伴：“你看到一块颜色亮丽的布料，手感丝滑柔顺，此时你想起之前参加过的一次化装舞会，你听见自己说‘棒极了’，你觉得买到这件上衣可以重新体验那次精彩的经历。”

注意，你的身体对此描述有何反应。同时，运用新策略抵制这种冲动：看看信用卡账单，担心买不起；同时看看衣橱里的所有衣服，你对自己说“等等，我现在很快乐，因为我就是我，不管我拥有什么”。

列举激发冲动之举的表现，以及你在本次训练活动中学到的行为策略。它可以提醒你在将来关注并终止破坏性冲动。然后，你可选择更具建设性的模式帮你实现真正的目标。

EXERCISE 13.1

训练活动 13 灵活

训练活动 13.1 打造高度灵活的团队

目标

帮助团队成员明晰工作流程，包括每个成员的具体角色、贡献和相互关系。

简要说明

60 分钟。

所有成员的整体灵活能力为团队打造了持久的凸显优势。相反，如果团队存在有待改进之处，缺乏灵活能力就成为严重的瓶颈。团队能够根据你在 TESI 中“团队认同”和“积极情绪”方面的得分，了解团队灵活程度。遵照“八步走”流程深入剖析现行流程，探究哪些方面可以增加灵活性。

成效

- 熟悉团队的所有工作流程，包括哪些方面是优势，哪些方面需要改进。
- 帮助所有成员理解各自对该流程的具体贡献。

适用对象

- 常设团队。

导师能力

高级。

材料

- “打造高度灵活的团队”的材料。
- 挂纸白板、支架和记号笔。
- 笔和纸。
- 能够点比萨饼或其他食品款待宴飨。

预计时间

活动内容	预计所需时间
与常设团队讨论、练习“八步走”流程	60 分钟
共计	60 分钟

使用说明

1. 实施“打造高度灵活的团队”的材料中的步骤。提醒团队成员或参与者应互相以礼相待，完成步骤 7 时，运用更多的描述语言而非评价性语言。实施步骤 8 时，运用更多的评价性评论更为适宜。**提示**：如果你有时间限制，可要求团队侧重于任务的一个关键方面，而非面面俱到。

2. 切记预订或点比萨饼！你可以让参与者事先知道，或给他们一个惊喜，犒劳犒劳他们。

“打造高度灵活的团队”的材料

灵活性能够帮助人们适应无法预测或无法控制的变化；可以让人们适应他人的需求，即使这些需求会侵犯到人们的自我需求。灵活性过大，意味着人们最终在替别人做事；灵活性过小，意味着人们生活在一个熟悉但不舒适的、一成不变的常规里，其他人觉得和我们打交道毫无乐趣，在时代变迁的今天更是如此。

团队灵活性的一个重要构成便是个体对所有成员的作用表示理解和欣赏。有了对角色和责任的充分理解，团队便掌握了构建灵活机动性所必需的信息。下面的训练活动旨在激励团队的灵活能力，有意识地挖掘团队角色和功能。团队所有成员都要完成这项训练！

1. 领导者在内的所有成员，首先选择两个人轮流充当抄写员。全面介绍团队正在负责的核心任务。每个人对此陈述全部赞同。任务介绍必须简单明了，涵盖所有必需细节。

2. 明确描述团队目前的任务之后，了解这个流程的具体步骤。讨论：谁下达了工作任务？是最终参与者直接布置的还是公司内部其他团队部署的？成功完成任务的期望值或标准是什么？团队或领导是否参与其中？如果没有，是否应该吸收他们参与呢？这一点可以改变吗？

3. 一旦布置了任务，谁需要最先开始行动？每位成员也许会马上处理某一方面，但是不同的工作流程和不同的工作任务如何合理地融合在一起？

4. 现在你已对团队的工作流程形成了整体理解，每位成员要详细描述他们的工作内容。如果此流程清晰明确、连贯有序，在讨论中尽可能地遵循这个流程。若不如此，团队成员按照他们认为最佳的方式轮流进行。此流程不一定要高度系统，但必须利于激发广泛的讨论。

5. 团队内部，可能某些人合作密切。现在让他们讨论之间的联系，其关系与团队或其他团队如何相互联系？

6. 多数工作首先要收集材料/数据（如原始材料或组件）。完成任务需要收集什么材料？材料来源于哪儿？是否容易收集？如果出现问题，通常是什么问题？团队工作如何改变数据或事物以提高价值？

7. 你怎么知道工作何时完成？当团队完成了流程中的任务时，你的工作成果将移交给谁？团队如何得知付出的努力获得了多大程度上的成功？反馈渠道是什么？是否需要改进？

8. 现在团队已基本明晰了团队内部相互关系的结构和流程，要求成员提供反馈意见：这些流程和相互联系哪些需要改进？这或许是一场别开生面、热火朝天的讨论，但逐一分析已获得的资料会提供巨大的帮助。人们乐于细致观察，制定明确要求，以拓展团队参与程度和工作流程的灵活性，尽管这样做会耗时较长。（要是他们知道大家一会儿有比萨饼吃，更会乐此不疲了！）

EXERCISE 13.2

训练活动 13.2　灵活产生的影响

目标

发现如何通过积极陈述抵制破坏性的自言自语，使注意力摆脱干扰性的消极想法，从而变得更有成效、更灵活多变、更具活力。

简要说明

32 ~ 42 分钟。

个体和团队成员练习观察自己的消极、约束性思维，逐渐替换为更积极的想法。通过运用更灵活的陈述，参与者发现了与以往不同的效果，从而备受鼓舞，为自己提供能够提高灵活性的信息。团队成员将观察到自我对话如何消极地影响他人、降低灵活性及削弱有效处理变化的能力。他们将列举听到自己说的消极、可怕的信息，练习运用更积极的言语。

成效

- 理解思考问题的方式对我们产生的影响，关注灵活思辨产生的影响。
- 清晰表达观点和要求，再断然做出阻止获得丰富信息的“不”或“它不管用”等言论。理解此举的重要意义。

适用对象

- 常设团队。
- 独立团队。
- 一对一辅导。

导师能力 ◑

中级。

材料

- 列举消极想法及积极的抵制方法。你可以运用“灵活产生的影响”的材料，或根据自己或团队的具体情况，创建清单。
- 笔和纸。

预计时间

活动内容	预计所需时间
简要介绍灵活性	5 分钟
参与者阅读并讨论“能够做到”的积极想法，承诺做出改变	7 分钟
个人或两人一组练习提出积极信息后的各种消极信息	10 ~ 15 分钟
讨论和应用真实案例	10 ~ 15 分钟
（可选项）制定策略，个体单独重复这个流程，可能的话进行反馈	由教练决定
共计	32 ~ 42 分钟

使用说明

1. 简要介绍“灵活性”。参照本书第 2 部分“灵活”。

2. 分发“灵活产生的影响”的材料（或自己创建的清单）和钢笔。解释，参与者要按照材料中的说明，首先做出消极评价，然后提出积极评价，从而挖掘更多的可能性方法。

3. 参与者两人一组。

4. 要求参与者与同伴练习这些陈述，并关注其说出或听到停止性言论时的感受，与开辟可能性的陈述相比，有何不同。

5. 10 ~ 15 分钟后，全体集合，进行简要总结。关注发生的变化及其产生的原因。注意多种不同的反应。说“不”或听到“不”有什么感觉？运用积极陈述开辟新的可能性时，有何感受？将感觉与意义联系起来。

6. 引导团队或个体讨论如何将学习付诸实践。

“灵活产生的影响”的材料

从停止转移到可能

下表列举了四个方面的意见。根据需求，扩展这些类型并添加新的类型。

改变	
停止	我一直这么做，它让我感到安全，我不想改变
可能	我觉得我得研究一下应当如何更好地解决问题，或许我应该尝试一下新的方法
停止	每次，我们尝试进行改组，都徒劳无获。它肯定也不例外，因此我不想尝试
可能	我知道他们一直都在努力进行改组。尽管我心存疑虑，我还是想尝试一下（额外收获：运用我的技能，我会帮助他们取得成功）
我	
停止	我的工作好像没完没了，我根本不可能参加公司的橄榄球队
可能	我听说锻炼能让人们更加高效地完成工作。我要参加球队为期六周的赛季，试一试
其他人	
停止	莎莉总是做出重大改变，她肯定没有完成任务
可能	我对莎莉做出的改变充满好奇。我得问问她，改变如何帮助她完成工作
工作	
停止	上班时，我必须循规蹈矩地完成工作。要不然，我会不知所为，无所收获
可能	工作时，我喜欢遵守惯例，但一些任务还是无法完成。我需要一些新方法或新策略。是什么原因让我找不到新的方向呢
停止	所有这些变化伤害了我的朋友，没有一个人关心他们的利益
可能	我想知道这些变化将对我的朋友和周围其他人意味着什么。我要帮助每个人都严肃认真地思考现行发生的事情
停止	我只知道制订这个新计划时，他们考虑不周。我反对
可能	我要尝试一下，在此过程中探索他们一直在关注的数据信息。也许我能帮助他们考虑所有关键因素

EXERCISE 13.3

训练活动 13.3　灵活在生活中的应用

目标

认识灵活应对生活中无边无尽的挑战，意义重大。关注我们的选择与其他情商能力（如现实判断、抗压等）之间的联系。

简要说明

40 分钟。

参与者讨论“灵活性”的含义。认识判断力要有效应用这种能力。讨论其他情商能力的综合应用程度决定着灵活行为的结果。

成效

- 认识“灵活”的重要意义及其在生活中的具体应用。
- 认识运用灵活性需要高超的判断力。现实不是一个黑白混合的世界。

适用对象

- 常设团队。
- 独立团队。
- 一对一辅导。

导师能力 ◯ ◑

初级和中级。

材料

- “灵活在生活中的应用”的材料。
- 活页挂图和记号笔。
- 系列反应（详见使用说明第 2 条）。
- 钢笔。

预计时间

活动内容	预计所需时间
讨论“灵活”的利与弊	5 分钟
总结应对挑战的各种反应	5 分钟
讨论方案	20 分钟
总结重要观点	10 分钟
共计	40 分钟

使用说明

1. 讨论人们为什么往往顽固僵硬。注意，人与人之间存在许多个体差异。一些人似乎人云亦云，随波逐流；其他人无所谓。不同的时刻，每个人都可能拥有自己的优势。然而，人们知道世界受到接连不断的变化的影响，自己无法改变太多的变化。在决定应对方案时，人们需要投入更多的情商能力。现实判断通常是关键：“我们值得抵制这个变化吗？”乐观态度至关重要：“尽管这个看似一次挫败，但我们知道最终我们能够找到好的解决方法，只不过现在尚不知道而已。”

2. 指导个体或团队思考灵活改变的反应程度。

3. 提问各种反应的利弊。引领团队讨论如何进行选择，如何灵活机动。他们能否赞成一个变革并帮助找到双赢的答案？写出参与者在讨论中提出的策略性观点。

4. 分发“是，不，也许是”的材料和钢笔，要求参与者阅读情境。可自行决定补充自己选择的范例或参与者经历的真实案例。

5. 集体讨论不同的反应模式，关注形成“灵活”能力的方法。帮助参与者逐渐认识生活中运用灵活能力的重要作用，理解灵活行事并非放弃价值观。告知参与者，有时他们可以说“是”，有时可以说“不”，有时可以说“也许是，让我想想”。

6. 总结。要求参与者列举发现的关键点。给大家几分钟时间，回忆生活中最近一次他们本该更灵活地处理问题从而让自己获益的经历。

“灵活在生活中的应用”的材料

1. 你的助手出于热心，解释了把计算机从 PC 系统改为 Mac 系统的重要意义。这是他平生第一次真正推崇的一件事，为此他花了很长时间研究这个提议，尽管你对此一无所知。整间办公室都在使用 PC 系统，你从未接触过 Mac 系统。

2. 你的老板希望你放弃弹性工作时间。她说一周工作不足五天，令人难以接受，且工作效率不高。现在你一周工作四天，每天工作 10 小时。这种工作时间特别适合你照顾孩子的需求。

3. 你管理着一个有 50 名员工的部门，四个直接汇报的上级主管。他们要求你调整给员工实施的高度灵活的制度。你让员工制定工作时间，相信如果他们完成了任务，便不用工作很长时间。

4. 你的同事让办公室一片狼藉，他似乎喜欢这样。他说，他能找到东西，他喜欢同时做很多事情。你喜欢办公室整洁有序。一天工作结束时，你把文件整理好。（他从来不这么做！）你全力以赴做每个项目。你与他彼此让对方感到紧张。这对所有人都是一种压力，因此你建议两人讨论一下你们的不同风格，看看能否找到舒缓紧张的方法。

5. 你的女儿刚刚开始学习打鼓。每次当你刚进家门，恰好需要片刻休息的时候，她开始认认真真地练习敲鼓，一练就是一小时。

6. 你一直勤勤恳恳地实施一个你最喜欢的项目。然而，当你将它提交到复核委员会时，他们都要求你做出更多的改动。

7. 你家附近的十字路口增设了红绿灯。你似乎永远通不过那个路口，回不了家。

8. 机场安检比平时多花了两倍的时间，但你的时间来不及了。

EXERCISE 13.4

训练活动 13.4 专注一种方法提高灵活性

目标

专注于至少一项提高灵活性的活动，增强灵活能力。

简要说明

30 ~ 35 分钟。

参与者或个人单独讨论缺乏灵活性所产生的消极影响。集思广益创建能够提高灵活性的活动列表。每个人从中选择下周要展开的一两个活动。若仍能在下期辅导中见面，参与者将在下次会面中反馈、分享各自的经历。

成效

- 提高灵活性的活动列表。
- 全力运用至少一种方法提高灵活性，并向集体或教练反馈效果。

适用对象

- 常设团队。
- 独立团队。
- 一对一辅导。

导师能力 ◯

初级。

材料

- 活页挂图和记号笔。
- 小卡片。
- 钢笔。

预计时间

活动内容	预计所需时间
讨论缺乏灵活性产生的影响	10 分钟
完成活动列表	10 分钟
创建便携小卡片	10 ~ 15 分钟
共计	30 ~ 35 分钟

使用说明

1. 要求参与者思考最近发生的一种情境，现在他们认为当时自己应当更灵活机动地处理问题。

2. 要求团队分享缺乏灵活性产生的消极影响，在活页挂图上记录大家的回答。

3. 提问整个团队："你本该怎么做就可以更灵活地处理问题？提高灵活性的最大障碍之一就是我们不想那么做！"要求团队列举人们不想灵活变通的三个原因并讨论对策。在活页挂图上记录大家的反馈信息。

4. 要求参与者创建活动列表：哪些活动若能更灵活地处理问题，它们可以带来不同凡响的效果。在活页挂图上记录列表。若此项任务难以推进，运用下列项目，进行引导：

- 品尝一种从未吃过的食物；
- 选择不同的路线，开车上班；
- 欣赏不同类型的音乐；
- 阅读超越平常熟知领域的资料，如生物、历史、艺术、科学等。

5. 要求参与者从上述改变中选择一两个项目，使之融入你的生活，并做出书面承诺，保证坚持执行，确定实施时间和方法。

6. 分发小卡片和钢笔，要求参与者创建便携小卡片。

- 他们要列举具体的改变行为；
- 要写出提高灵活性的重要原因，写出一天中按照卡片规定履行承诺的具体时间及持续的天数。

7.（可选项）第二次会面或指导环节，分享各自的经历并选择提高灵活性的另一项活动。

EXERCISE 14.1

训练活动 14　抗压

训练活动 14.1　压力破解方法

目标

提供一种便捷方法，全面理解压力及压力管理。

简要说明

30 分钟。

解释什么是压力。参与者通过运动、喝水和讲笑话等简单步骤将此技能付诸实践。

成效

- 帮助人们提高压力管理，并从中享受乐趣。

适用对象

- 常设团队。
- 独立团队。
- 一对一辅导。

导师能力 ○

初级。

材料

- “压力破解方法”的材料。
- 提供靠近大厅、人行道或楼梯的地方。

- 参与者一人一杯水。
- 准备好的笑话素材。

预计时间

活动内容	预计所需时间
分发材料，讨论，爬楼梯或其他运动	20 分钟
讨论并付诸实践	10 分钟
共计	30 分钟

使用说明

1. 分发“压力破解方法”的材料，要求参与者认真阅读，讨论，实践。组织大家去爬两层楼梯或围着小区走一圈；根据现实环境，安排活动。大家返回后，发给每人一杯水。然后，要求他们讲笑话。准备一些笑话，发给大家轮流朗读。

2. 享受乐趣！要求他们承诺将这些理念付诸实践。

“压力破解方法”的材料

什么是压力？压力就是一周（一个月、一年）内一直都感到压力如山大，嘴唇和面部麻木毫无表情。压力让你的脾气一触即发，你的每个同事都清楚于此，但是对于你四岁和六岁的孩子，尽管你一再苦口婆心地提醒，他们对此仍是全然不知，仍时常让你大发脾气。

压力就是生理系统的衰竭。通过该系统，我们一年 365 天，一周七天，一天 24 小时，时刻都在集中注意力收集足够的数据、积累正确的数据，准确地分析数据，查漏补缺，做出决策，监督决策的效度，如此反复。处理不可预见的危机，开始新项目，如此反复。期望完成所有这些目标，完全不切实际，人类并没有被塑造成这种类型。实际上，我们不得不与自己发明的技术竞争，不得不和机器争夺时间，而它们都可以不吃不喝，不用参加毕业聚会，不用去疗养院看望父母，不用疼爱四岁和六岁的小捣蛋。

在此情况下，你只能完成三项工作。拼了命，最多也就是四项。你可以运用外界现实判断能力，挑战人们的期望目标。这些人不能切合实际地评价有价值事物和可能引发的问题。若真能如此，你完全可以创建一个更持久、更宽容的工作场所，团队成员和集体利益均可蒸蒸日上。这通常是一个风险大的赌注，因为人们深信快乐源自金钱可以得到的事物，这种说法令人震惊，对大众媒体提出了质疑。但是，为了成功完成所有任务，人们通常很难做到注意力集中。最终的结果只有两种：他们获得了成功；或者一直在无助地挣扎着避免某种灾难。

如果你没能挑战人们的期望目标，你要么被解雇，要么比以前遭到更严厉的排斥或责骂。你可运用内部现实判断能力，重新优先排序自己的价值观，调整行为，制定每天、每周和每年的日程安排。人们会提醒你，在人生的某个时刻重新调整你的核心价值会消除核心压力；这种巨大转变会产生巨大成效，可以让你今后几年免受折磨，按照自己的意愿生活。

有些方法可以让你变得更强大！从生理学层面讲，压力容忍源自一种平衡状态，它能让人们在压力和放松之间以可持续的节奏转换，这样神经、肌肉和生命维持系统能够休息、恢复，为身体提供资源，从而适应典型的后现代要求，即加工大量复杂数据，同时在巨大压力下准确解码数据意义，再去说服那些同样迫于压力的同伴按照我们的需要做事。

压力影响肌张力、结缔组织、骨架结构、循环系统、呼吸系统、神经性疲劳和神经传递素平衡、嗅觉及与人们共处的乐趣等更显而易见的事情。皮质（甾）醇和儿茶酚胺等压力的附带作用使人体感到不适。要是喝几瓶啤酒，就能通过泌尿系统直接消除压力的话，一切就好办了。它要求大量增加体内氧含量，促进循环系统，这些只能通过增加强体力活动得以实现。

现在言归正传，本训练活动的真正题目是“楼梯疗法”。听后，不要满腹牢骚，唉声叹气啊！这是简单的压力破解器。如果你的办公大厦占有多层楼，这实际上是一个模拟的世界级奥林匹克训练场，至少你一天可以多次进行楼梯疗法，迅速缓解压力。这么做并不难，它很快会变成一种享受，涓涓细流汇成河，你渐渐地会体会到它给你带来的乐趣。

如果你真想保持良好的心态，活得长寿，什么辅助设备都不需要。你只需早晨到达公司后和午饭之间，爬两三层楼梯，然后在午饭和晚上下班离开之间，爬两三层楼梯。OK 啦！轻松容易！大功告成。

这就是最简单、最便利的压力破解器，但是如果你希望体验更复杂、更精密的破解压力的更高级方法，你还需要两种材料：大功告成时，一杯水和一本笑话书。严肃地说，笑话书，我们建议携带不色情的笑话书，因为不色情笑话书的作者必须更深入地理解人性诸多复杂的内容，才能更滑稽可笑。

不过，最终决定权还是在你。总的来说，你需要笑得更多，这有助于降低皮质（甾）醇，更重要的是，笑话让我们的生活更充满乐趣！因此，爬两三层楼梯，一天分几次读 5～10 个笑话，边看边喝水。这些笑话未必都能让你捧腹大笑，但肯定有一些笑话会让你大笑不止。大笑有助于重新设定你的抗压能力，释放神经传递素，让你的神经比以往燃烧得更旺、更快、更长。

我们不太了解神经传递素如何工作，甚至对此一无所知，但是我们知道更多笑声对我们大有好处，可以缓解压力。找一本笑话书，或在线阅读不色情的笑话，爬几层楼梯，喝点水！

更高水平的压力缓解方法就是秘传的古代饮食秘诀。吃更多的新鲜果蔬，少吃垃圾食品。这绝不是无稽之谈。吃新鲜食物，咀嚼脆脆的食品可降低压力。要是对此抱有迟疑态度，显然你还没有准备好进入高级水平。你可以吃点儿芹菜和胡萝卜、青椒丝、黄瓜，试试看！一天，我们看到大师好像只吃了一口东西，就咀嚼了半小时。最后，我们实在忍不住，问他在嚼什么。他吐出一口东西。“沙子。”他边说，边擦着胡子。

“为什么嚼沙子呢，大师？”我们问。他严肃地看着我们，平静地说：“锻炼咀嚼能力。”

或许因为我们没有试着这么做而错过了什么（也可能是启示），但是，不能因此而不推荐这种做法。实际上，这个所谓的大师是吉尔，我们的另类健康教授，他为我们提供了这个绝妙的压力容忍建议：少吃，多运动。

现在，动身，破解压力吧。

EXERCISE 14.2

训练活动 14.2　压力分析与测试

目标

界定参与者是否属于承受压力的人格类型。分析他们的反应，选择一种干预式反应。

简要说明

19 ~ 28 分钟。

这项训练活动对承受巨大压力、行为表现咄咄逼人的个体或团队（A 型人格）特别有效。参与者进行 A 型人格行为测试。回忆最近一次表现 A 型人格行为的场合，并分析当时的感受及思考的问题。参与者寻找策略以帮助自己在那种场合下保持镇定。

成效

- 进一步了解“反应”。
- 运用在本训练活动中选择的技巧，参与者有意识地让自己保持冷静镇定，对待他人宽容友善。

适用对象

- 常设团队。
- 独立团队。
- 一对一辅导。

导师能力 ◑

中级。

材料

- “人格类型测试”的材料。
- “压力分析与测试”的材料。
- 活页挂图和记号笔。
- 钢笔。

预计时间

活动内容	预计所需时间
人格类型测试	3 ~ 5 分钟
解释人格的几种类型	3 分钟
集体讨论	5 ~ 10 分钟
“镇定”训练	5 分钟
总结汇报	3 ~ 5 分钟
共计	19 ~ 28 分钟

使用说明

1. 分发“人格类型测试”的材料和钢笔，要求参与者完成测试。

2. 完成测试后，参与者要对照后面的评分标准对自己的测试结果进行评估。

3. 为各组提供各种人格类型的综述。

A 型人格

往往缺乏耐心，争强好胜，富有竞争意识，具有同时处理多种任务的能力，迫切渴望得到晋升和有所成就。他们通常被认为要求过高。尽管他们在事业上很成功，但永不满足。一些极端的 A 型人格的人经常无缘无故地对人怀有敌意，大发脾气。A 型人格的人患心脏病的概率较高。

B 型人格

往往缺乏竞争意识，有意识地控制怒火，分寸得当地表达情感。他们往往被认为平易近人、容易相处。尽管并非被动地成为“超级成功者”，但他们通常在事业上和 A 型人格的人一样成功。

C 型人格

往往被动消极，自我牺牲，否定自己的需求。他们压抑愤怒，无原则地宽恕别人。他们往往被认为冷漠乏味。为数不多的极端 C 型人格的人具有强烈的无望感和绝望感。C 型人格的人患癌症的概率较高。

4. 引导参与者展开讨论。讨论当体验测试中的情境类型时，身体有什么感受，当时在思考什么。

5. 提问：参与者是否愿意松松散散、缺乏竞争意识，消极被动（极端的 C 型人格的人）。他们很可能说“不”，因为他们认为那样会很软弱，没有进取心。

6. 提问：参与者是否看到其现状（尤其是 A 型）与极端 C 型人格行为的中间状态。团队共同形成更有益的行为特征（B 型）。在活页挂图上进行记录。

7. 分发“因为你很有个性”的材料要求参与者完成。

8. 汇报总结：

- 提问大家是否愿意分享在“因为你很有个性”的材料第 6 题中选择的减压方式。
- 要求参与者确定在生活中坚持实践本训练活动的具体次数。

9. 作为减压的直接体验，参与者今后能够以之作为参考。要求参与者实践材料第 6 题中列举的“镇定”体验。

“人格类型测试”的材料

完成下列叙述。根据个人现状，判断下列叙述是否属实。

叙　述	是	否
1. 我认为自己敢于竞争，有冲劲。	______	______
2. 我讨厌等待。	______	______
3. 临近最后期限时，我的工作效率最高。	______	______
4. 我喜欢同时做几件事。	______	______
5. 我经常和他人生气，尽管没有表现出来。	______	______
6. 别人犯错，很让我恼火。	______	______
7. 我经常觉得自己在和时间赛跑。	______	______
8. 我给自己确定很高的目标，但是当我无法实现目标时我会感到很生气。	______	______

评分标准

- 6 ~ 8 个"是"说明你是 A 型人格；
- 4 ~ 5 个"是"说明你更倾向于 B 型人格，处于 A 型人格和 C 型人格中间的平衡状态；
- 1 ~ 3 个"是"说明你非常被动消极，倾向于 C 型人格。

"压力分析与测试"的材料

最近与他人的接触中，你是否感到沮丧、缺乏耐心或心存愤怒，并回答下列问题：

1. 你的身体有何感受？

2. 如果出现下列表现，请圈画出来：心跳加速、出汗、颤抖、呼吸困难、手托下巴或身体其他部位。你还有其他表现吗？

3. 你如何描绘你对这种情境的看法？从 1~10 的数字中选择并进行排序，"1"最宽容，"10"最具判断力。

4. 这种情境是如何解决的？能否找到双方欣然同意的解决方案？

5. 你的回应是否增加或降低了当时的压力水平？

6. 从下列保持镇定、降低压力的方法中，选择一种，并付诸实践。

- 深呼吸，抑制焦躁和怒火。厘清思绪，关注自己的呼吸。慢慢地用鼻子深呼吸，从 1 数到 10，扩胸。用鼻子慢慢地呼气，从 1 数到 10，含胸。
- 表现得仿佛你对情境中的其他人身怀敬意，尽管你当时并非真有此意。行动上，表现出你似乎希望解决这个问题，对对方表示尊敬和敬意。称呼对方的名字，不断地与对方进行目光交流。
- 符合自己风格的其他方法。

7. 每天，至少练习上述行为一次，两次更佳，坚持几分钟、几日，直至逐渐养成习惯，熟练精通地掌握这种技巧。

EXERCISE 14.3

训练活动 14.3　预知问题

目标

预知问题，恰当处理机制问题，从而控制压力。

简要说明

30 ~ 50 分钟。

参与者列举其感到压力的活动清单和具体方面。形成应对每个方面的各种策略，以减轻压力。

成效

- 通过有效管理，避免或缓和压力。
- 认识到，计划对应对压力具有极其重要的作用。

适用对象

- 常设团队。
- 独立团队。
- 一对一辅导。

导师能力 ○

初级。

材料

- 笔和纸。

预计时间

活动内容	预计所需时间
列举并选择感到有压力的活动	5 ~ 10 分钟
概述感到压力的具体方面	5 ~ 10 分钟
确定压力缓解策略	5 ~ 10 分钟
与同伴分享	10 分钟
集体汇报总结	5 ~ 10 分钟
共计	30 ~ 50 分钟

使用说明

1. 分发笔和纸。

2. 要求大家分别列举日常工作生活中面临的最具压力的三项活动或情境，如做讲演、与同事产生矛盾、穿行交通要道、管理繁重的工作任务、与陌生人会面、参加或主持家庭聚会等。

3. 要求参与者从列表中选择一项，进行下面的活动。鼓励大家选择不久将要应对的一个情境。

4. 要求参与者关注并写出暗示压力形成的一系列征兆。

5. 要求参与者写出，能够减轻或缓解问题所产生的压力征兆的一件事。以下例子或许会提供帮助。

- 与问题的关键人物讨论此事，必须谈及每个人的期望值和所付出的努力。
- 爬一两层楼梯，上下反复，并做深呼吸。
- 安排富裕的时间以应对不可预见的意外事件。
- 寻求朋友的帮助。
- 请求参与者的帮助。
- 重新调整注意力，从外界转移到自己的呼吸或心率上。

6. 两人一组，个体可与教练一同练习。要求两人一组分享他们的境况，包括什么方面属于紧张性刺激；讨论他们愿意尝试哪些方法减缓压力。上述活动 10 分钟之内完成。

7. 集体汇报总结。提问，收到了哪类建议，喜欢哪类建议，而自己却没能想出来。

EXERCISE 14.4

训练活动 14.4　压力缓解方法

目标

提供简单的压力缓解方法，使人们能够释放身体内产生的紧张不安情绪。

简要说明

13～18 分钟。

该训练活动主要针对个体而设计，适宜在任何安静舒适、个体不受打扰的场所进行。若一个团队也希望从事这项训练活动，应当为每个成员提供私密的或安静的空间。该训练活动需要导师能够熟悉自己呼吸的力量和节奏。建议，导师连续训练活动两三天，然后再试着指导他人。导师需要直接体验这个流程，从而帮助参与者放缓速度，像欣赏呼吸一样去欣赏无形的事物。

成效

练习“肺部深呼吸”，让大家深入欣赏自己呼吸的力量、身体的节奏，以及身体积累的压力。

适用对象

- 常设团队。
- 独立团队。
- 一对一辅导。

导师能力 ◐

中级。

材料

- “压力缓解方法”的材料。

预计时间

活动内容	预计所需时间
在安静的场所中，坐得舒服一点，身体逐渐放松	2 分钟
阅读活动说明，开始行动	3 ~ 5 分钟
练习呼吸训练，重复 1 ~ 2 次	6 ~ 8 分钟
体验这种高超的方法	2 ~ 3 分钟
共计	13 ~ 18 分钟

使用说明

1. 在一个安静的场所中，参与者舒舒服服地坐着，尽量放松。分发材料。

2. 强调，呼吸就像人的指纹一样，在深度、节律、速度、紧张程度和周期（定期发生变化）都是独一无二的。要求参与者首次关注自己现在的呼吸状况。

3. 几分钟后，要求参与者阅读材料，进行呼吸练习。

“压力缓解方法”的材料

著名神经系统学研究者坎德斯·帕特认为，一辈子都生活在发达国家的人，其身体中存有 90 种以上的工业化学成分。人体超过 70%的废弃副产品通过呼吸和皮肤排出体外。血液通过氧化，将更多的毒素通过细胞排出体外，令病毒和细菌较难在体内生长。

“肺部深呼吸”是强有力的压力减缓技巧，能够支持肌肉生长，提供人脑和身体所需的能量。此外，它还有助于减轻肌肉紧张，缓解压力。尽管该训练活动很简单，其作用不可忽视。浅、快的呼吸或不完全呼吸无法为人体提供充足的氧气，只会引起二氧化碳毒素的堆积，造成压力和疲劳。然而，人们通常学会了这些呼吸形式，并无意识地反复进行。直到有些人有意识地运用呼吸技巧（如肺部深呼吸），人们才发现呼吸的自然力量。享受呼吸吧！

肺部深呼吸

舒舒服服地坐在椅子上，观察自己的呼吸。关注随着呼吸而波动的身体部位。注意吸气的频率和深度。

现在，双手在腹部交叉，外张，拇指恰好放在肋骨下。

呼吸从胸腔转移到腹部。

空气随之充满肺部，感觉小腹隆起。随着腹部的突起，小腹收缩，变得更加柔软。

现在绷紧小腹肌肉，排除肺部的剩余空气。再次感受不同之处。

现在，保持这种呼吸方式 3 分钟，慢慢吸气，数四下，再慢慢呼气，数四下。掌握这种窍门后，双手放松，舒服地放在膝盖上。注意，你的心率发生了什么变化，呼吸有什么不同。3 分钟后，恢复正常呼吸。注意，你在思考什么，有什么感受。

一天中，练习上述呼吸 2～3 次，尤其是在你感到劳累、困惑、沮丧的时候。你也可以将训练活动时间延长，每天逐渐加长时间，直到每天坚持练习 15～20 分钟。此时，尽量屏住呼吸，数四下，让肺部充满氧气，再数四下，呼气，排出肺部的气体，创造四步呼吸模式。

EXERCISE 15.1

训练活动 15　乐观

训练活动 15.1　乐观的自我对话和行为

目标

协调自我对话和乐观积极的行为，增加乐观心态。

简要说明

40 分钟。

关于乐观，很多人没有意识到或者不认同，乐观并不是与生俱来的一种天赋，它是可以培养、可以提高的态度。本训练活动为此提供指导，帮助参与者形成更乐观、更积极的态度，促成更有效的情绪结果。

成效

- 培养有意识和无意识的、乐观的自我对话。
- 建立具体明确的日常训练。

适用对象

- 常设团队。
- 独立团队。
- 一对一辅导。

导师能力

中级。

材料

- “乐观的自我对话和行为”的材料。
- 即时贴。
- 笔和纸。

预计时间

活动内容	预计所需时间
讨论材料第 1 部分的内容	10 分钟
讲述并讨论“四步走”	10 分钟
实施“四步走”，步骤 3，两人一组展开	10 分钟
全体集合，汇报总结	10 分钟
共计	40 分钟

使用说明

1. 分发“乐观的自我对话和行为”的材料和即时贴以备后用。阅读材料，要么直接读给参与者，要么要求他们进行阅读，然后整体讨论。

2. 要求参与者评述“四步走”乐观训练，认真思考实施这个策略，有问题提问。

3. 指导参与者实施“四步走”流程。要求每人选择两种希望能够日常体验到的积极肯定的情绪力量，按照步骤 3 要求，记录笔记。

4. 要求参与者两人一组，选择一种他们的情绪力量，按照步骤 3 要求，轮流讲述这种力量。

5. 按照步骤 4 要求，撰写记录。

6. 全体集合，汇报各自体验，可提出下列问题：

- 体验其中一种偏爱的情绪力量时，你有何感受？
- 为了深入发掘这种力量，你应积极应用哪种关键策略？
- 现在什么因素阻碍你积极运用这种力量？

“乐观的自我对话和行为”的材料

人类的各种思维和态度中都充斥着人性的集体无意识，从谋杀和重伤到最热衷的利他主义无一例外。如果无意陷入这种混乱，而不能有意识地追求希望达到的生活，我们发现我们的感情随着各种疯狂的想法而发生变化，我们就有这样的想法！实际上，一个人很难做到完全没有欲望和想法。多数人会无意识地产生下列想法："我会完成许多重要的事情，获得成功。""我比其他人做得更好。""我会安全无恙。""我将得到我想要的。""我将得到别人友好、肯定的回应。"

那么，问题出现了。一方面我们坚持这类想法，另一方面在努力消除我们的恐惧：我们完成不了重要的事情，其他人或许比我们做得好，我们不会安全或者我们得不到我们想要的，我们不会被接受。同时，还有许多人和我们一样沉浸在这些恐惧中。

有一种方法可以避开这类内部矛盾。一天伊始，确定你希望成为哪种类型的人，而不是哪类你希望实现但尚未实现的结果。第二种方法是寻找我们外面世界中的影响，而不是"我们希望看到世界中发生的变化"。

但是，我们如何"成为"那样呢？首先，选择我们希望内心感受到的感情，如兴奋的、警觉的、坚持的、坚强的、灵活的、肯定的、放松的、感激的、信心的、足智多谋的、快乐的、爱玩耍的或忠诚的。信不信由你，我们具有产生这些情感的内部能力，不管外部环境如何。我们通过回忆过去感到兴奋、快乐或信心倍增等感情的具体时间，实现这一点。

你在回忆的同时，注意观察在那种情境中你的心理状态。你是什么姿势？站姿如何？坐姿如何？你是怎么呼吸的？你的眼睛盯着哪里？你的面容如何？你对自己说着什么？这些是获得成功所需情绪力量的关键。

这项训练活动旨在帮助你形成乐观的心态，相信自己能够产生一天所需的情绪状态和力量，但是这是一项训练，而不是现实。它并不是说："噢，我成功了。情商交流促使团队合作更高效。"而是："好吧，我刚刚写完一篇绝妙的演讲稿，现在要站在讲台上对着镜子，进行演讲，录像录音。开车时就能听自己的演讲。我还要在朋友面前演示，听取反馈意见。我会体验不同的时间控制和不同的重读音演讲，直至最终定型。"

在此前提下，我们将完成下列四步骤流程。

四步骤练习

步骤 1

设计自己的乐观训练，选择两项你希望平时能够体验的积极肯定的情绪能量。当然，我们通常需要宽容、耐心、忍耐等情绪力量。选择一些更积极、更有促进作用的（更有趣的）情绪能量。选择你能有意影响整个环境的能量，如忠诚、快乐、兴奋、感激或信心。

步骤 2

写出你能清晰记得的体验情绪能量的两种以上的具体情境描述。（这将帮助你唤起回忆并对此进行再评价。）选择其中一种，生动再现你的第一次情境，观察每样东西都是什么样子的，聆听出现的各种声响，感受当时你感受到的所有身体感觉和情绪。待你从这种情境再次吸收能量后，重复同样的步骤体验你的第二种情绪能量。

步骤 3

进行身体移动时，“呼吸”这种能量。你可以在房间慢跑，可以爬一两层楼梯，可以轻快地穿过人行道或过道，在吸气的同时，想着“信心”。或者呼气时，温柔地说着“信心”。你正在从强烈的意念中吸收信心能量。想象自己信心十足地站在那里，信心十足地发表演说。聆听自己内心的声音，然后大声地说出口！更多的氧气为你提供更多的身体能量；这种行为肯定会引起潜意识的关注——“嘿！发生什么事啦？这件事一定很重要！他肯定需要我——我最好参与其中，看看在忙什么！”需要感受乐观时，潜意识思维是最强有力的支持系统。

步骤 4

现在拿出三张即时贴，在上面写下类似的语言：

我很乐观，从这项活动中，我能感到更快活、更活力！

将第一张即时贴贴在浴室的镜子上，第二张即时贴贴在汽车的仪表盘上（或者上班途中可以看见的某个位置），第三张即时贴贴在工作地点的某个地方。镜子上的即时贴让你更早地确定自己的意愿，提醒自己要开始快乐体验情绪能量，让你在睡前重新回顾那些积极情绪。（这种定时提醒极大地促使潜意识的有力配合。）仪表盘上的即时贴提醒你在上下班途中（你同样需要这些积极情绪能量）进行练习。工作地点的即时贴提醒你尽可能地在更多的地方赋予自己乐观、积极的情绪能量。运用“金发女孩”方法（不能太多，也不能太少），你会惊奇地发现与你接触联系的其他人将如何赞赏你的贡献。（金发女孩指的是大家耳熟能详的故事——三只熊。金发女孩闯进了三只熊在森林里的小木屋。女孩坐了三把椅子，喝过三碗汤，睡了三张床。前两个不是太大，就是太小；不是太烫，就是太凉，总是在第三次，也恰好是最后一次才找到“刚刚好”的那个。这个故事包含了许多“最恰当”的意味。作者用“金发女孩”应该指的是将复杂的设备情况简化为三种情况：太大、太小、刚好，并且这种方法是“刚好”适合所有设备的。——译者注）

如此持续一周，你定能提高选定的情绪能量。坚持两周，你的积极反应逐渐变成自然自发的反应。坚持四周，你不仅能够自动产生机智的反应，还会形成一种新的习惯：整天演练积极感受，能够增加新的情绪力量体验，最终精通于此。

EXERCISE 15.2

训练活动 15.2　关注解决方案

目标

个体和团队认识到关注解决方案、表达积极信息要比深陷问题不能自拔的做法更有效。

简要说明

17 ~ 25 分钟。

参与者两人一组或与教练一对一，阅读问题描述，聚焦问题本身（而非解决方案）。然后，运用积极的陈述关注解决方案，激发信心十足、乐观向上的态度。这将帮助参与者直接体验两种不同的风格。

成效

认识到乐观向上、关注解决方案为核心的决策流程，作用重大，因为它促使人们更快地做出更英明的决策。

适用对象

- 常设团队。
- 独立团队。
- 一对一辅导。

导师能力 ◑

中级。

材料

“关注解决方案”的材料或根据具体情况而设计的情境说明。

预计时间

活动内容	预计所需时间
分析问题情境，关注问题本身	3 ~ 4 分钟
讨论关注问题本身时参与者的感受	3 ~ 4 分钟
重复上述两个步骤，关注解决方案	6 ~ 7 分钟
导师简要评价乐观态度，综合运用关注解决方案的思维和行动	5 ~ 10 分钟
共计	17 ~ 25 分钟

使用说明

1. 分发“关注解决方案”的材料，参与者两人一组。可能的话，形成更符合个体或团队现状的问题描述。

2. 要求参与者强调问题本身，分析训练活动中的问题情境。参与者的任务不是解决问题，而是弄懂所有问题，以及问题的难易程度。

3. 要求参与者分享在聚焦问题本身时的感受。可两人一组或集体等形式展开讨论。

4. 关注解决方案，重复第 2 和第 3 条，展开集体讨论。鼓励大家注意任何消极的预想，让其自愿做出更开放的“我能够做到”的积极回答。

5. 对“乐观”展开简短的讨论，使之与关注解决方案的思维和行为综合应用。由参与者提出问题。

“关注解决方案”的材料

问题情境案例

你和同伴，讨论如何解决下列问题，运用高度关注问题的策略，确保涉及所有问题，并洞悉问题的难度。

1. 工作中，你要为数位“老板”效劳。甲老板要求你在两周内完成一项任务，你说：“没问题。”而后，乙老板要求你在 12 天内完成另一项任务。它比第一项任务更能引起你的兴趣，最后期限更为具体明确。第一项任务可以拖延。然而，同时完成两项任务不太可能。甲老板不在公司，直到任务到期那天才回来。你该怎么办?

2. 你要送吉米去踢足球，同时又要送泰莉去参加舞蹈课。他们不能坐公交车，而家里没有其他人可以帮忙。你该怎么办?

3. 你很厌烦周末加班，迫切希望更好地平衡生活和工作。你在实施一个创造性项目，这个项目你期盼多年。这个机遇最终来了。完成此项目的最好方法就是抓紧时间工作，但这就要求你周末加班。你该怎么办?

4. 如果付清账单，你的生活压力会减轻很多，但你真的很想资助儿女上大学。支付大学费用会增加你的债务，但是……

5. 有四位经理需要向你汇报工作。其中，只有一位是女性。她认为你蔑视她。最近一次对员工的调查反映出，员工对她的不满越来越大，她的工作效率也不高。而她汇报说，她比以前付出的更多，自认为员工非常尊重她。你该怎么办?

一番讨论后，在导师的指导下，重复此项活动。你会得到新的指示。

EXERCISE 15.3

训练活动 15.3　看到积极的结局

目标

认识到“生动地设想圆满地解决问题”，将产生积极的促进作用，从而帮助我们更迅速有效地找到解决方案。

简要说明

50 分钟。

讨论想法如何影响乐观态度，乐观为什么至关重要。然后，进行反思，揭示新的构想。此后，讨论一生中尚未找到明确答案的一个问题。两人一组，仔细构想积极的结果。

成效

- 与积极构想相对比，进一步认识消极悲观的思考所产生的后果。
- 努力引导思维朝着更积极乐观的方向思考。

适用对象

- 常设团队。
- 独立团队。
- 一对一辅导。

导师能力 ○ ◑

初级和中级。

材料

- 无。

预计时间

活动内容	预计所需时间
讨论乐观、价值观和信念之间的联系	10 分钟
两人一组或与教练一对一，讨论乐观的重要意义	10 分钟
静静地反思，形成新的构想	5 分钟
两人一组，讨论各自在生活中尚未找到解决方法的问题，然后构想积极的结果	5 分钟
学习决定的细节	10 分钟
讨论学习收获和实践乐观的承诺	10 分钟
共计	50 分钟

使用说明

1. 讨论“乐观”与相信产生积极结果的信念之间的联系。信念将对最终结果产生巨大的影响。最典型的例子就是，乐观的销售员工作效率最高。在“学习乐观”测评中获得高分的新的销售人员在最初两年售出的人寿大都会保险比悲观的销售人员多出 37%。

2. 要求团队成员两人一组，或与教练一对一，分享其对乐观在生活中的作用的看法，然后集体讨论这个话题。提问，乐观对他们的生活产生的意义有多大。

3. 要求大家分享，当发现自己陷入悲观时他们的所作所为。他们能否很快察觉？悲观态度一直伴随着他们吗？以至于他们丝毫察觉不到自己沮丧消沉？

4. 抵制悲观的一个方法是将“我被征服了，这个不能成功”的想法变为“我知道这个问题一定有好的解决方法，只不过我现在还不知道而已”。

5. 要求参与者选定同伴合作进行下列活动。宣布，学习流程的第一步是保持安静，4 分钟。4 分钟的时间他们或许感觉很长。你密切关注钟表，时间一到便告诉他们。要求他们舒服就座，深呼吸，大脑休息。不必在乎大脑中掠过的想法，关注自己的呼吸声，感受体内的感觉。

6. 时间结束后，要求参与者将注意力转向同伴。一方首先告诉另一方，他认为的一个不能成功、缺乏控制力的情境。（**提示：**根据正在拓展的情商能力、辅导对象的水平及其性格的熟悉程度和专业经验，控制问题的难度，可指导参与者思考一个有意义且难度适中的问题。如果参与者已经掌握难度较低的问题解决流程，可在解决新问题的过程中提高这种技能。）

- 既然一方已经描述了一种情况，另一方应按照指示，提出：“我知道，你现在还不清楚问题的答案。我们可以一起构想：奇迹最终出现，问题得以解决。注意，所有事物都发生了变化。你有什么所见、所闻、所感？这个问题发生后，你还知道什么？”
- 一方聆听另一方 4 ~ 5 分钟的描述，尽量形成详细积极的解决方案。
- 要求他们与同伴思考，感觉早晚会发现答案与因不知答案而感觉无能为力两种态度的不同。
- 两人调换角色，重复上述过程。

7. 集体讨论这个活动。要求参与者每当遇到新问题时想起今天、团队和这个流程，尽量保持乐观的态度。遇到困难时，提醒自己：“我只不过尚不知道答案而已。”总结汇报阶段，你可以提问：

- 与乐观积极相比，悲观沮丧时你的身体有什么感受？
- 选择 1 ~ 10 数字打分，乐观对你的重要程度是多少？
- 你如何影响他人变得更乐观？

EXERCISE 15.4

训练活动 15.4　积极的解释

目标

帮助参与者探索解释生活中发生的事件的方法，理解解释方法如何影响其乐观态度及最终的成功。

简要说明

25 ~ 30 分钟。

参与者对阅读材料的简要情境进行说明，并设想其中发生了什么。然后，参与者解释故事发生的原因。导师将为其提供关键性指导以分析其反应的重要意义。

成效

帮助参与者认识解释风格如何影响他们的乐观态度，以及如何做出改变以得到预期结果。

适用对象

- 常设团队。
- 独立团队。
- 一对一辅导。

导师能力

中级。

材料

- “积极的解释”的材料。
- 笔和纸。

预计时间

活动内容	预计所需时间
解释运用乐观的材料	5 分钟
情境 1	5 分钟
情境 2	5 分钟
集体讨论或个体反馈	10 ~ 15 分钟
共计	25 ~ 30 分钟

使用说明

1. 提供笔、纸和“积极的解释”的材料。
2. 利用本书第 2 部分的内容和材料的分析部分，解释乐观。
3. 指导参与者阅读两种情境，写出其对导致问题发生的原因的解释，要有身临其境的感觉。
4. 全体集合，汇报体验。可以首先提问：

- 解决这两种情境时，你经历了什么？
- 什么将对你的工作和生活产生积极影响？
- 你是否发现，如果你更乐观，问题便会变得更容易解决？

“积极的解释”的材料

分析

本书提供的因果解释，依据三个核心理念。这些理念最终决定个体乐观或悲观的程度。马丁·塞利格曼在其著作《学会乐观》中对此观点进行了详尽的阐述。这三个核心理念如下。

1. 永恒性：我们认为生活中事情发生的原因要么是永久存在的，要么是暂时存在的。“我从来不记得给汽车的油箱装满汽油”是永恒的原因。“昨天，我忘了给汽车加油”是临时的解释。

2. 普遍性："某领域遭遇了一次失败，对失败做出普遍性解释的人往往对一切都很绝望。而做出具体解释的人也许只在生活中的哪一方面变得无助，但在其他方面仍勇往直前，敢于拼搏。"

3. 个性化：出现问题时，人们要么把问题归于他人或环境（外化），要么归于自己（内化）。归于自己往往削弱了我们的自尊。归于他人或外部环境，虽然没有令你失去自尊，但一味地指责他人，该行为本身就存在问题。若你总是推卸自己的责任，周围的人会逐渐排斥你。恰当的现实判断有利于维持期望达到的平衡状态。

以下是乐观模式：解释积极事件时，你希望这是永恒的、普遍的、内化的。例如："发生在生活中的美好事件通常是我（内化）信仰上帝的结果。"解释消极事件时，你希望它是暂时的、个别的、外化的。例如："今天（具体的）轮胎漏气是因为有人在公路上撒了钉子（外化）。"与之相比，"我的轮胎经常（持久的）没气，因为我（内化）总是（永恒的）无法避开公路上的危险。"

这些解释与你通常对生活中发生的事件的解释有何不同？你若想更乐观，从而更成功，那么练习改变解释生活中积极和消极事件发生原因的三种核心理念的方式吧！

阅读下面两种情境，解释促成事态发展的原因，产生身临其境的感觉。运用上述乐观的三种核心理念，形成自己的解释。

情境 1

1. 你正在阅读报纸上的一篇文章，看到一个广告上面写道："急聘……出色的问题解决者。"

2. 尽管你已有了一份工作，你还是给他们打了电话，他们听起来对你很感兴趣。

3. 你进行了一次面试，并选择了一个交通方便的办公地点。了解对方公司从事的业务后，你觉得一切如你所愿。

4. 薪水要比现在高很多，因此你接受了这个职位，开始人生中最出色的工作体验。

宛如自己的亲身经历一样，解释事情每一步发展的原因。例如，在第 1 点中，你也许写道："我是一个好奇心很强的人，关注吸引我的不凡事物，如'出色的问题解决者'的招聘广告。"

在下列空白处写出你的答案。

1.

2.

3.

4.

情境 2

1. 在赶往约会的途中，你对与你约会的人充满兴趣。但途中，汽车没有油了。

2. 你设法搭车来到加油站，并打电话给餐厅说，你要晚到半小时。你花了很长时间返回到你的车上。当你最终抵达餐厅时，已迟到了将近一小时。

3. 你的同伴早已等在那里，显然面带不悦。谈话进展得很困难。你似乎在一个劲儿地抱歉。

4. 结账时，你坚持买单，似乎你理当如此。同伴咯咯地笑，好像气消了。

5. 尴尬的是，服务员说，本店谢绝使用信用卡，而且明文规定，“不能使用支票”。而你只有三元现金，最后同伴付了账。

宛如自己的亲身经历一样，解释事情每步发展的原因。

1.

2.

3.

4.

分析你如何对这两个情境中每个事件发生的原因做出解释。它们是永恒的，还是短暂的？普遍的，还是个别的？内化的，还是外化的？你感觉更乐观吗？

EXERCISE 16.1

训练活动 16 快乐/幸福

训练活动 16.1 跨越孤岛

目标

理解快乐幸福是与其他因素多维交融的人生组成的。

简要说明

45 分钟。

参与者讨论幸福的概念，以及快乐如何深受自尊等其他能力的影响。参与者挖掘他们在自己的"孤岛"（如工作、家庭和社区）中如何生活，讨论全方位融合方法的重要意义。

成效

- 拓宽对个体快乐和幸福的认识。
- 探究条块分割式生活如何导致人生挫败不断，寻求更综合、更融合的方法。

适用对象

- 常设团队。
- 独立团队。
- 一对一辅导。

导师能力 ○

初级。

材料

- “跨越孤岛”的材料。
- 挂纸白板、支架和记号笔。

预计时间

活动内容	预计所需时间
讨论幸福	10 分钟
探究孤岛思维的后果	5 分钟
个人撰写，两人一组讨论全方位融合生活	20 分钟
全体讨论	10 分钟
共计	45 分钟

使用说明

1. 讨论什么是幸福。提示，幸福是 EQ-i 2.0 中最突出的幸福指标，影响快乐感，然后强调快乐与其他四种关键能力——自我肯定、乐观、人际关系和自我实现的联系。团队幸福是 TESI 首要目标之一。提问下列问题，在挂纸白板上写出要点：

- 你如何衡量现在的快乐感？
- 什么是幸福？快乐和幸福如何联系在一起？
- 快乐对你来说有多么重要？
- 你认为你做出的每个决定在某种意义上都是为了让自己快乐吗？如果是，为什么有时候你仍感到不满意呢？

2. 探究相互冲突的目标对促进个人快乐和挫败感中发挥的作用。要求参与者审视自己的人生，探索自己是否生活在“条块分割式”生活，如一部分是工作，一部分是家庭，一部分是社团工作等。在挂纸白板上写出要点。

3. 告诉参与者“孤岛”概念就是条块分割式看待自己生活，通常按照功能划分生活，因此他们的生活分割为工作、生活、社团和娱乐等条块。提问他们认为自己生活还有哪些条块，举例说明。

4. 分发“跨越孤岛”的材料，要求参与者描写自己的生活，首先从条块式角度描写，其次从全面融合角度描写。后者认为一个人的生活是多种需求、能力、互动的重叠，共同对个人生活产生影响。15 分钟后，要求他们三四个人组成小组，讨论所写内容以及他们喜欢如何整合生活。

5. 全体集合，讨论评价和实现整合生活的策略。

“跨越孤岛”的材料

条块式角度评述我的生活

罗列你是如何看待自己生活的：工作一部分、家庭一部分、社团一部分等。这种生活态度对你有何促进？

它是如何打断生活的自然连贯性，导致挫败的？

整合式角度评述我的生活

罗列你是如何全面看待生活的，如从一部分到另一部分，大量叠加。这种生活的态度对你有何促进？

它是如何打破你的生活结构，导致挫败的？

EXERCISE 16.2

训练活动 16.2 培养快乐感

目标

让参与者知道自己有多么快乐，他们希望自己有多么快乐，从而形成实现预期快乐感的策略。

简要说明

35～45 分钟。

参与者评价现有的快乐指数，并结合实际制订行动方案以实现预期快乐程度。为了体验更强的快乐感，训练活动时间可以延长。

成效

- 进一步理解，生活中影响快乐感的态度和情况。
- 提高影响快乐感的能力和意愿。

适用对象

- 常设团队。
- 独立团队。
- 一对一辅导。

导师能力

中级。

材料

- “培养快乐感”的材料。
- 笔和纸。

预计时间

活动内容	预计所需时间
主题和训练活动的相关介绍	5 分钟
参与者写出给定问题的答案	5 分钟
与教练一对一或两三人一组，讨论写出的答案	10 分钟
个人评测，制订行动方案	5 ~ 10 分钟
与教练一对一或结成团队，讨论方案，确保实施	5 分钟
总结汇报	5 ~ 10 分钟
共计	35 ~ 45 分钟

使用说明

1. 分发笔和纸。

2. 讨论快乐的含义。可利用本书第 2 部分的相关材料。

3. 参与者或参与者，形成下列问题的回答列表：

- 我感到满足。
- 我感到担忧或沮丧。

4. 指导参与者描写对这两种因素的感想，并分析它们在参与者现实生活中发挥的作用。

5. 若辅导对象是一个团队，则要求参与者两人或三人一组，讨论已写内容，每人 3 ~ 4 分钟。若辅导对象为个体，则与教练一对一讨论他的回答。

6. 分发“培养快乐感”的材料，指导参与者利用材料评价现有的快乐指数，并形成行动方案。

7. 讨论团队或与教练撰写的内容。参与者承诺提高认识，并努力提高自己的快乐指数。

8. 总结汇报。可提问下列问题：

- 熟人中哪些人最快乐？你想和他们一样快乐吗？
- 快乐对你意味着什么？
- 生活中，快乐对你有多重要？

9. 提高版：每步投入的时间越多，内容越详尽。例如，步骤 2 中，参与者可广泛详细地列举影响生活质量的消极和积极境况。逐一延展其他步骤。约定在此见面的时间，讨论所做承诺的执行情况。

“培养快乐感”的材料

个人评估

这与塞利格曼《学会乐观》中讨论的福代斯情绪问卷相似：

1. 如果用 1 ~ 10 的数字打分（10 最高），我有多么快乐？
2. 同样的尺度，我有多么不快乐？
3. 同样的尺度，我处于中间状态或者有多么低落？
4. 我希望多么快乐？（使其成为你愿意努力在生活中实现的快乐程度）

我的快乐行动方案

为了实现某种程度的快乐目标和期望，我努力开展下列行动。务必具体详尽地进行描述，这样你才能评价你的成功。（**提示：**利用本训练活动开始时你思考的内容，联系现在的快乐状况。你会发现自己需要增添有关现状的更多信息，才能制订本行动方案。若时间许可，你最好对此进行深入思考。）

EXERCISE 16.3

训练活动 16.3　保持快乐感

目标

认识感激是可以传染的，感受美好，丰富我们的聪明才智。

简要说明

50 分钟（可以延长或缩短）。

首先讨论感激的力量。个体与导师一对一，团队或小组两人一组，回忆令自己备受感激的五件或更多件事情。参与者承诺要把爱传出去。因而，当他们听到感激的话时，他们可以鼓起勇气欣然接受。

成效

- 倍感快乐。
- 知道如何保持并增加快乐感。
- 了解提高快乐的更有效方法。

适用对象

- 常设团队。
- 独立团队。
- 一对一辅导。

导师能力 ○ ◑

初级和中级。

材料

- 无。

预计时间

活动内容	预计所需时间
讨论感激的力量	10 分钟
两人一组，先后回忆令其心存感激的五件事。一人专注地聆听	15 分钟
集体讨论本活动的收获	10 分钟
集体讨论以增强认识	10 分钟
承诺把爱传出去	5 分钟
共计	50 分钟

使用说明

1. 集体讨论或与辅导个体讨论感激的力量。

2. 对团队说，幸运的是，表达感激的积极作用越来越显现出来。《纽约时报·星期日刊》年度“100 个伟大想法”中包括了塞利格曼提出的“感恩拜访”。这个策略是这样描述的：

“想出一生中令你感激而你从未恰当表达感激的一个人。你给此人写一封内容详尽的‘致谢信’，解释感谢他的原因。然后拜访此人，当面大声念出你的感谢信。塞利格曼认为，此举作用巨大。‘当你进行感恩拜访时，所有人都感动得哭了。’他说，‘对双方而言，这都很令人感动。’”

询问参与者是否曾经有过感恩拜访。建议其采纳此举，因为这将对他产生巨大的积极影响。

3. 要求两人一组完成此训练活动。告知对方令其备受感激的五件事。若你与参与者进行一对一辅导，参与者将与你分享令其感动的五件事，而教练，即充当聆听者应当耐心倾听，然后提问。帮助个体明确自己心存感激的原因。然后转换角色，教练讲述自己心存感激的五件事，并告诉对方，谁将助其知道感激此人的原因。

4. 与团队或与参与者讨论此过程中你的亲身体验。如果辅导对象是一个团队，那么时间允许的条件下，要求成员进行移动并重新组成新的小组，重复上述流程。根据团队情况和时间条件，你可决定重复上述流程的次数。

5. 总结：每个人都讨论如果专门抽时间表达感激，他们会有什么感受。将这种认识运用到工作中。提问：

- 若一个人真心地感谢你，会发生什么情况？
- 你有什么感受？
- 当你回报感激时，你如何投入工作中？

6. 承诺把爱传出去，进一步表达感激。塞利格曼认为，感恩拜访是“增强积极记忆的强度、持久性和频率”的有效方法。每当有人向我们表达感激时，我们报以感激，从而延伸了感激的积极力量。

7. 要求同伴承诺一周内每天至少两次表达感激。然后，两人同意周末安排时间再次聚会，重新评价他们的承诺，讨论该承诺的具体实施情况。可能的话，双方同意再过一周，重新评价该承诺。强调变化只有经过实践才能实现，因此，坚持不懈地表达感激将对其成功产生直接影响。

EXERCISE 16.4

训练活动 16.4　拓展快乐感

目标

体验心存感激的态度和期望值如何开拓营造希望和快乐的可能性。

简要说明

30 ~ 50 分钟。

团队或个体关注自己擅长什么，成功地完成了什么。参与者“梦想”在已得成功的基础上，他们能做些什么？（若导师能运用欣赏式探询流程，效果更佳。）

成效

- 更强的自我欣赏。
- 增强信心。
- 拓展快乐感。

适用对象

- 常设团队。
- 独立团队。
- 一对一辅导。

导师能力 ○ ◑

初级和中级。

材料

- （团队）活页挂图和彩色记号笔。

● （个体）笔和纸。

预计时间

活动内容	预计所需时间
讨论欣赏式思维	5～10 分钟
分享非凡事件	5 分钟
想象未来	5 分钟
讨论各自的感受	5～10 分钟
汇报总结（仅限团队）	5～10 分钟
本次辅导后，将学习付诸实践	5～10 分钟
共计	30～50 分钟

使用说明

1. 本训练活动以感激为基础，通过欣赏式探询流程加深理解。集体讨论关注积极方面的重要作用。讨论以下观点：

● 关注问题时："问题在哪儿？""有多少个问题？""我们如何解决问题？"运用这种方法，你通常能够发现问题。事实上，你发现的问题越来越多。关注问题只能让问题恶化，或让问题看上去更严峻。

● 欣赏式探询的相关研究显示，突出并分享出色事件可以拓宽感染力，增强其积极作用。

2. 分发笔和纸。要求参与者保持 3 分钟沉默，并仔细思考：

● （团队）什么时候团队或公司处在最好状态？

● （个体）什么时候你处在最好状态？

3. 要求团队或个体分享对上述问题的看法。从令其意义非凡的事件或行为的角度，详细记录该局面的非凡之处。讨论其影响和意义。它看似什么样子？它有何感受？人们当时在说些什么？在活页挂图上记录大家的回答。

4. 要求参与者根据过去或现在取得的成功，构想积极的未来。记录大家的回答。

团队问题

● 如果刚才讨论的巅峰时刻成为公司的常态而非特例，公司会成为什么样子？

● 它看上去会有什么不同？

- 这意味着什么？
- 人们会说些什么？
- 在这家公司你将如何采取行动？

个体问题

- 如果巅峰时刻成为你生活中每天常规发生的事情，它将意味着什么？
- 它看上去会有什么不同？
- 这意味着什么？
- 人们会说些什么？
- 你对生活会有何种感受？
- 在公司中你将有什么不同表现？在家庭中或与朋友相处时，你将有什么不同表现？

5. 和个体一对一讨论，或 2～5 人组成团队，讨论各自的感受。要求大家回答下列问题：

- 关注已取得的成就能否让你对未来更有信心？为什么？
- 认识到伟大即存在于现在，在你、团队或公司上已显现出来了，你是否感到更幸福？为什么会有这种感受？

6. 若辅导对象为团队，团队汇报总结。要求大家分享讨论的内容，并听取他们的回答。若为一对一辅导，听取个体在步骤 5 中的回答。

7. 提问：在本次辅导后他们能够采取哪些行动，让自己关注创造更积极的局面和结果，而不是关注寻找和解决问题。例如，问题出现时，提问："公司什么时候正确地处理过这个问题？当时那种积极局面需要具备哪些条件？"如果与个体一对一辅导，提问："你什么时候正确地处理过这个问题？当时那种积极局面需要具备哪些条件？"

8. 指导个体或团队承诺在今后进一步实践这种积极的方法。

反侵权盗版声明

举报电话：（010）88254396；（010）88258888

传　　真：（010）88254397

E-mail：　dbqq@phei.com.cn

通信地址：北京市万寿路 173 信箱

电子工业出版社总编办公室

邮　　编：100036